SCIENCE

岩波科学ライブラリー 157

猿橋勝子という生き方

米沢富美子

岩波書店

執筆までの経緯

本書は、地球化学者・猿橋勝子《さるはしかつこ》(一九二〇年〜二〇〇七年)の評伝である。

猿橋は、女性が理系の学問を追究する道が開けていなかった時代に生きて、地球化学の分野で世界的な業績をあげた。さらに、後進の女性科学者を励ますために、「女性科学者に明るい未来をの会」を創立し、自然科学系の女性科学者を対象に「猿橋賞」を設けて顕彰する事業を、定年後に始めた。

「猿橋賞」の授賞式は毎年五月に行なわれるが、その前に、その年の受賞者による記者会見が年中行事として開かれる。それを受けて、主要各紙の「ひと欄」で詳しく取り上げられたり、雑誌などで広く報道されたりする。こういう広報活動を毎年積み重ねてきたお蔭で、「猿橋賞」についてはかなり広く知られるようになった。

しかし、その賞を創設した猿橋勝子の、「科学者としての業績」や「人間としての生き方」については、ほとんど知られていないのが現状である。

そういう状況は残念この上ないので、評伝を書いて猿橋勝子の軌跡を多くの人たちに伝えようと考えたのが、本書執筆を企画した第一の動機である。

猿橋勝子が二〇〇七年九月に他界した後、猿橋のパソコンから、自伝の草稿のようなものが見つかった。まだ系統的な形にはまとめられていなくて、覚書メモの段階であったが、自分が生きた証しを残したいという思いがひしひしと感じ取れるものだった。時間が尽きて果たせなかった猿橋の夢を、何らかの形で実現させたい、というのが本書執筆を企画したもう一つの動機である。

*

本書執筆の企画は、太田《おおた》朋子《ともこ》（猿橋賞 第1回受賞者）、米沢《よねざわ》富美子《ふみこ》（第4回受賞者）、相馬《そうま》芳枝《よしえ》（第6回受賞者）、石田《いしだ》瑞穂《みずほ》（第9回受賞者）、高橋《たかはし》三保子《みほこ》（第10回受賞者）の五人で立てた。

執筆のために、猿橋勝子の原稿（自伝の草稿）や著書、関連の資料を参考にしたばかりでなく、生前の猿橋を知る人たち何人かに右の五人が手分けして直接会い、聞き取り取材もした。

取材に応じていただいた方は、順不同で、気象研究所部長・広瀬《ひろせ》勝巳《かつみ》氏（気象研究所における猿橋の後輩）、東京大学名誉教授・不破《ふわ》敬一郎《けいいちろう》氏（死の灰の分析を猿橋に依頼した南英一《みなみえいいち》東京大学教授の当時の助手）、地球化学者・鳥居《とりい》鉄也《てつや》氏（第4次・8次南極観測隊隊長）、久保《くぼ》佳子《けいこ》氏（女学校時代からの猿橋の友人）、川崎《かわさき》貞子《さだこ》氏（猿橋の従妹）、瀬賀《せが》節子《せつこ》氏（東邦大学における猿橋の後輩）などである。なお、不破氏、鳥居氏、瀬賀氏は、「女性科学者に明るい未来をの会」発足時から、理事などとして会の運営を支えてくださった人たちである。

時間を割いて有意義な話を聞かせていただいたことに対し、右の各氏に心からの謝意を表したい。

「女性科学者に明るい未来をの会」の会長・古在由秀《こざいよしひで》氏、同専務理事・猿橋則之《さるはしのりゆき》氏（猿橋勝子の甥）、同元理事・鷺猛《さぎたけし》氏にも、企画の段階から相談に乗っていただき、資料の提供や原稿のチェックをしていただいた。

特に、鷺猛氏には、化学の内容について懇切なご指導をいただいた。

また、東邦大学理学部（猿橋の母校）の学部長・小野嘉之《おのよしゆき》氏には、業績リストなど、猿橋に関する貴重な資料をご提供いただいた。

これらの方々に、この場を借りて、感謝の気持を伝えたい。

＊

本書執筆の目的は二つあったことを先に述べたが、さらにもうひとつ。女性科学者のロールモデルとして、猿橋勝子の生き方を紹介することで、若い女性たちに勇気を与えたい、というのが、最後の目的である。

年齢に関係なく、女性も男性も、気軽に手にとって読んでいただければ、こんなにうれしいことはない。

＊

右にも書いたように、本書の企画と情報収集は編集委員五名全員で進めたが、取り上げる話題の選択や構成、さらに実際の執筆は米沢が行うことになった。最初の目的に適う作品になっていれば幸いである。

著者記す

目次

——猿橋勝子という生き方

プロローグ

一九五四年三月一日未明、太平洋マーシャル諸島のビキニ環礁に、目もくらむばかりの閃光が走った。暫《しば》しの後《のち》、巨大なキノコ雲が空いっぱいに広がる。入道雲を五つ六つも重ねたようなキノコ雲は、三四〇〇〇ｍの高さにまで達し、頂上は成層圏に深く入り込んだ。富士山の約一〇倍の高さである。

アメリカによる水爆（水素爆弾）の爆発実験だった（図1）。

第五福竜丸

爆心地から一六〇㎞東方の海域では、日本の遠洋マグロ漁船・第五福竜丸が操業していた。乗組員は、一八歳から三九歳までの二三名。平均年齢は二五歳という、元気いっぱいの海の男たちである。

延縄《はえなわ》漁を行なっており、釣針のついた枝縄をたくさんぶら下げた幹縄を海に投げ（その作業は毎回三～四時間）、マグロがかかるのを待って縄を引き揚げる。縄の全長は五〇～一〇〇㎞もあるので、全部引き揚げるには一三時間もかかる厳しい作業だ。

図1　1954年3月1日のビキニ水爆実験(アメリカ軍機から撮影).
提供：第五福竜丸平和協会

図2　被災前の第五福竜丸.　提供：第五福竜丸平和協会

三月一日午前三時五分(現地時間)、この航海最後の投縄が始まった。延縄一八九枚を投げ終えたのは、六時三〇分。エンジンを止めて、船は静かな洋上に漂い始めた。揚げ縄開始までの時間が、乗組員たちの貴重な仮眠の時であった。

目がくらむような閃光が襲ったのは、皆がカイコ棚のベッドに横になった直後である。その時の状況を、漁労長の見崎吉男は次のように証言している。

「西から光が這いあがってきた。突き刺すのではなく、包み込むように、あたり一面右を見ても左を見ても、第五福竜丸をめがけて、かぶさってくるように」(1)

光から約八分後、今度は地鳴りのような轟音が海底から突き上げてきた。船は、波間に大きく揺さぶられる。乗組員たちは仰天した。冷凍士の大石又七は言う。

「長靴の音がデッキの上でもつれ合うように交錯し、みそ汁をけとばして逃げる者、(茶碗を)ほうり投げて船室にかくれる者、あわててデッキに伏せる者もいる」(2)(引用文中、( )は著者注)。

轟音の後は不気味な静寂に戻った。そして一〇分余り。西の水平線上に、空を突く巨大なキノコ雲が現れた。

＊

揚げ縄の命令が飛び、急いでその場から退去するために作業が始まった。しかし先に述べたように、縄を揚げ終えるまでに一三時間はかかる。成層圏に至ったキノコ雲は、速いスピードのジェット気流に乗って、船に覆いかぶさるように近づいた。

閃光から二時間ばかりが過ぎた頃、みぞれのような白い灰が降り出す。白い灰は、目や口、鼻や耳に入り、下着の内側にまで侵入した。白い灰はチクチクと肌を刺し、唇についたものを舐めるとジャリジャリして硬い。目も真っ赤になる。白い灰は雪のように甲板の上に降り積もり、歩くと靴跡が残るまでになった。

放射能に汚染されたこの白い灰は、後に「死の灰」と呼ばれるようになる。だがこの時はまだ誰も、放射能の話を知らなかった。

放射能の影響は、灰をかぶったその日の夕方から出た。乗組員たちは、めまい、頭痛、倦怠感、吐き気、下痢などで苦しんだ。

二日目あたりからは、灰が当たったところに火傷の症状が出た。皮膚がむけて、海水が当たると染みる。

一週間ぐらい経つと、髪の毛が抜け始め、引っ張るとその分だけ抜けてしまう。(3)

いずれも、「急性原爆症」の典型的な症状だ。

原爆開発

世界で初めての「核分裂」実験が成功したのは、一九三八年のことである。

ドイツのカイザー・ウイルヘルム研究所(現マックス・プランク研究所)の、リーゼ・マイトナー（物理学部門主任）、オットー・ハーン（化学部門主任）、フリッツ・シュトラスマン（マイトナーの助手）のチームが、殊勲者だった。しかし、マイトナーが女性でありユダヤ人であるという事実に、ハーンの功名心も加わって、核分裂発見におけるマイトナーの貢献は消された。ここにも、もう一つの女性科学者問題があるのだが、詳細は他に譲る。（4、5）

なお、マイトナーの功績は戦後になって復権された。一九六六年にはアメリカ合衆国原子力委員会のエンリコ・フェルミ賞を、マイトナー、ハーン、シュトラスマンの三人が共同受賞した。「核分裂発見に対する貢献」が受賞理由である。

さらに、一九八二年には、マイトナーの功績を讃えて、原子番号一〇九の元素が「マイトネリウム（Mt）」と名づけられた。

＊

一九三八年にドイツの研究所で核分裂が発見された結果、ナチスドイツは核分裂の手段を手に入れた。この事実は、世界の科学者たちを震撼させた。狂気のナチスが殺人兵器・原爆（原子爆弾）を持てば、世界が滅びる。核分裂発見の翌年・一九三九年には、アルバート・アインシュタインら数人の科学者が、当時のアメリカ合衆国大統領フランクリン・ルーズベルトに勧告書を出し、ドイツに先んずる原爆製造を進言した。

これを受けて、ルーズベルト大統領はただちに原爆開発を命じた。

こうして、「ナチスより先に」が、原爆開発の初期の目的であったが、一九四五年五月にナチスが崩壊した後も開発は続行され、七月までに三つの原爆が完成した。七月一六日、地球上最初の原爆実験が、アメリカ・ニューメキシコ州アラモゴードの砂漠で行なわれた。すさまじい閃光が砂漠を貫き、キノコ雲が上った。

それから三週間後の八月六日には広島に、その三日後の九日には長崎に、三つ作られた原爆の残りの二つが投下された。戦争を早期に終結させるためだったと、アメリカは詭弁を弄したが、日本は十分に疲弊しており、原爆がなくとも年内には降伏する状況にあった。原爆は必要なかったのだ。アメリカはそれを百も承知で、日本の上に原爆を二つも落としたのである。

原爆による死者数は、一九四五年末までに広島で約二〇万人、長崎で約七万人。原爆症などでその後に亡くなった人の数は、把握されていない。

水爆開発

第二次世界大戦の後、米ソの冷戦構造が始まった。それと同時に、両国間の原爆開発競争も始まったのである。

アメリカは、終戦の翌年・一九四六年には早々と、太平洋マーシャル諸島のビキニ環礁を原爆実験場に決め、住民たちを強制的に他の場所に移住させた。ここでの原水爆実験は、一九五八年までの一二年の間に、合計六七回行なわれた。その放射線量を総計すると、広島型原爆の七〇〇〇発分に相当する。この領域は今も放射能汚染で、住むこともできない。

終戦から四年目の一九四九年には、ソ連が初の原爆実験に成功した。ソ連に追いつかれて、時のアメリカ大統領ハリー・トルーマンは、水爆開発を命じる。アメリカは一九五二年一一月に世界初の水爆実験を行なったが、それからわずか九ヵ月後の一九五三年八月には、ソ連も水爆実験に成功。ソ連の水爆は運搬可能である点などで、アメリカのものより優れていた。

焦りを感じたアメリカは、ソ連の水爆より高性能・安価で実用的な水爆の開発を、なりふり構わず進めた。その結果の第一弾が、第五福竜丸が遭遇した一九五四年三月一日のビキニ水爆実験であった。

このビキニ水爆の破壊力は、広島・長崎に投下された原爆の一〇〇〇倍だといわれている。水爆の恐ろしさについては、一〇〇〇倍という数字を眺めても具体的には想像できないが、被害の範囲を比較すれば多少は見当がつく。

第五福竜丸は、爆心地から一六〇㎞の位置にいた。これは乗組員の証言とも一致する。先に述べたように、「光」から「音」までのずれは約八分だった。

光と音のずれは、雷の例でわれわれも体験している。まず稲妻が走り、音が遅れてくる。音が進む速度は毎秒約三四〇ｍだから、たとえば光から音までが三秒なら、雷は約一〇〇〇ｍの彼方にあることになる。第五福竜丸が感じたビキニ水爆の光と音の差が約八分という事実から計算しても、距離は約一六〇㎞になる。これは、東京から静岡までの距離である。

広島と長崎の原爆被害が、それぞれ広島市および長崎市とその周辺に納まっているのに対して、ビキニ水爆が東京に落ちたら、死の灰の降る範囲が静岡にまで及ぶ規模なのだ。

そして何よりも、「音」。

東京の空で炸裂した水爆の爆発音が、静岡で聞こえるわけだ。それも「遠い花火のような音」ではなく、「地を揺るがすような轟音」である。さまざまな抵抗を受けて「減衰」しながら、八分間をかけて東京から静岡まで進み続けた音波が、その静岡でまだ轟音であるとするなら、爆心地での状況はどんなものか。

これはやはり、想像の域を超えている。

＊

第五福竜丸は、水爆実験の警告を受けていなかった。これは、連絡のシステムが当時はまだ確立されていなかったのが原因といわれている。しかし、もし事前に知っていたとしても、第五福竜丸はそもそもアメリカが定めた危険区域の外に居たのである。

水爆の被害が及ぶ範囲がこれほど大きいとは、アメリカも予測できなかったのだ。現に、アメリカが定めた危険区域外にあるロンゲラップ島やウトリック島の住民が、第五福竜丸と同じ死の灰をかぶって被爆している。

三度《みたび》、日本人の上に

こうして、広島・長崎に続いて三度《みたび》、日本人が核兵器の被害を蒙ったのだ。広島・長崎から数えて、九年目である。

第五福竜丸の一等通信士・久保山愛吉は、被災当初から、アメリカが新型爆弾の実験をしたのだろうと察していた。被災後も母港の焼津とは無線で交信したが、被災の事実については、焼津に帰港するまで打電しなかった。米軍に盗聴されたら爆撃を受けるかもしれない、と警戒してのことであるが、賢明な判断であった。証拠隠滅のために米軍が第五福竜丸を船ごと撃沈してしまえば、事件は闇から闇へ葬られる。そのような例が、歴史のなかでどれほどあったことか。

実際、ビキニ事件の前にも、やはりこの海域で、原因がわからないまま行方不明になった日本の漁船があり、漁師仲間ではアメリカ軍に沈められたのではないかと噂されていた。

＊

原爆症の症状に苦しみながら航行を続けた後、第五福竜丸が焼津に帰り着いたのは、三月一四日の朝であった。

1　誇り高き科学者

一九五四年三月一四日早朝、第五福竜丸は人目を避けるようにひっそりと、母港の焼津に帰港した。

二ヵ月前の一月二一日に元気いっぱいに船出していった二三人の海の男たちは、原爆症で見るも無残な姿になって帰ってきた。出迎えた船元（船主）・西川角市は、ここで初めてビキニ水爆被災を知らされる。先に述べたように、久保山愛吉の判断で、無線での報告はなされていなかった。もちろんこの時点では、久保山たちが見たのが水爆であることは、まだわからなかった。

乗組員は全員、下船後ただちに焼津協立病院に向かった。当日は日曜日だったが、当直の大井俊亮《としあき》・外科医長は、原爆症だろうと直感した。白血球の数を調べると通常の半分しかない。特に重症の二人を、東大病院（東京大学医学部附属病院）に送る手続きをした。

事件は伏せられていたが、船元の近くに下宿していた読売新聞焼津通信員・安部光安が聞きつけて記事にした。記事は、静岡支局を経由して東京本社に送られ、三月一六日の読売新

図3　ガイガーカウンター

ガイガーカウンター（ガイガー・ミュラー計数管）は，1928年にドイツの物理学者，ハンス・ガイガーとミュラーが考案したもので，最も古典的な放射線検出装置の一つである．放射線を構成するアルファ粒子や電子などの高速荷電粒子の個数を検出し，計測するものである．放射能の原因となる放射性同位元素の種類を識別することはできないが，放射線の強さに関しては高い精度を与える．

聞にスクープされた。

「邦人漁夫、ビキニ原爆実験に遭遇」という大見出しのもとに、「二三名が原子病」「焼けただれた顔」「グローブのような手」「水爆か」などの、小見出しが踊る。この記事で、事件は日本中に、そして世界中に伝えられた。

三日後の三月一九日、アメリカはビキニ原水爆実験場の危険区域を八倍に広げた。

ガイガーカウンター

ニュースを知って、厚生省（当時）からも調査団（東京大学医学部と理学部から九名）が、焼津に派遣された。

調査の結果、放射能汚染は、第五福竜丸の船体や漁具ばかりでなく、乗組員が下船後に滞在した自宅にも及んでいることがわかった。この事実は、乗組員たちの体内への被爆（内部被爆）の大きさを示している。

放射能測定は、ガイガーカウンターによって行なわれた（図3参照）。放射能という目に見えない敵に加えて、バリバリという検出音が人々の恐怖心をいっそうあおった。ビキニ事件のインパクトの強さを象徴するように、「ガイガーカウンター」という言葉が日本中に流布し、今でいうなら「その年の流行語大賞」並みの状態になった。

アメリカの介入

一九四五年の終戦以来、日本は連合国軍の占領下におかれることになった。しかし実質的には、米軍の単独占領であった。

一九五一年、サンフランシスコ講和条約（平和条約）が調印された。翌五二年に条約が発効し、七年間の占領が終わって日本は事実上の主権を回復した。しかし米軍はほぼそのままの形で駐留軍と称して残留し、日本各地に米軍基地が残された。米軍基地への財政的援助（年間数千億円の「おもいやり予算」を含む）などの日本側の重い負担は、戦後六〇数年たった現在も、継続を余儀なくされている。

＊

一九五四年にビキニ事件が起こったのは、米軍の占領が終わり、日本が主権を回復してから、二年目のことである。

三月一六日に、第五福竜丸船員たちのビキニ水爆被災が報道されるや否や、広島・原爆傷害調査委員会のモートン所長が焼津に飛んできて、乗組員たちがアメリカの病院に移るようにと勧めた。原爆症の実験材料にし、情報を隠匿するためだ。第五福竜丸をアメリカに引き取って、そちらで解体するという申し出もした。乗組員たちを船ごと「拉致」しようという目論見である。

このようにあらゆる場面で、アメリカはことごとく介入を試みた。占領も終わっているのに、敗戦から九年目の日本を低く見ていたのである。しかし広島・長崎からのその九年は、世界で唯一の被爆国として、原爆症医療や放射能測定技術を日本が心血注いで研究・開発し、世界のトップに躍り出てきた歳月でもあった。

その流れは今日まで受け継がれ、原爆被害の研究は二一世紀の現在も、日本が世界のナンバーワンである。ビキニ事件をきっかけに設立された放射線医学総合研究所(独立行政法人)は、がんの重粒子線治療など、世界最先端の成果を出し続けている。

＊

アメリカの申し出を拒否して、三月二八日、第五福竜丸の乗組員は全員、東京の病院に移った。二三名は、東大病院と東京第一病院に分かれて入院し、最新の治療を受け始めた。

死の灰の正体

第五福竜丸の乗組員は、ビキニ海域で白い灰をかぶったとき、甲板の上に雪のように降り積もった「白い灰」を集めて袋に入れ、焼津に持ち帰った。証拠品として調べてもらおう、と考えたのである。「白い灰」が物証として持ち帰られたことは、その後の研究に計り知れない大きな貢献をした。

白い灰は、芥子粒ほどの粒子の集まりだった。その白い灰の放射能分析は、厚生省から委託された東京大学理学部の木村健二郎・南英一の両教授を中心として、研究室の総力をあげて進められた。

ガイガーカウンターによる測定から、白い灰の発する放射能の強さは、ラジウムの一・五倍近くもあることが確かめられた。（ラジウムは、一八九八年にフランスのマリー・キュリーとピエール・キュリー夫妻によって、ウラン鉱石から発見された自然放射線物質である。）

＊

しかし、白い灰本体の素性は調べがつかなかった。あの「チクチクと肌を刺し、舐めるとジャリジャリして硬い」灰の正体である。炭酸カルシウムを含むことはわかっていたが、含有量は測れなかったのである。

物質の成分を調べるためには、一般に化学分析が行なわれる。化学分析とは、物質を構成する原子や原子団・分子・同位体などを検出し、種類を決定したり、その量を求めたりする操作のことである。省略して、「分析」と呼ぶこともある。

化学分析には大きく分けて、成分の種類だけを調べる「定性分析」と、構成要素の成分比を調べる「定量分析」とがある。

近年は、迅速さや精度で優れた物理的方法を利用する分析が盛んである。たとえば、赤外線、可視光線、X線などの電磁波と物質内の成分との相互作用を測定する方法がある。しかしその頃はまだ、物理的方法はほとんど開発されておらず、化学的分析法が主流であった。

第五福竜丸が持ち帰った白い灰は少量しかない貴重なもので、分担ごとに少しずつ配分されて、さまざまな検査に使われていた。化学分析に使える白い灰は、たかだか数粒である。化学分析を手がける研究者は、そのころも何人もいた。しかし、資料が極微量の場合の分析は困難で、誰にでもできるものではなかった。

微量分析の達人

当時この分野に、知る人ぞ知る「微量分析の達人」がいた。

猿橋勝子、三四歳。

テニスが得意な、美人の化学者である。気象研究所の研究官であった。向学心に燃えた努力家で、働き者の評判が高かった。

猿橋は、海水中の微量炭酸を分析するために、極微量拡散分析装置を開発していた（第五章コラム「微量拡散分析法」参照）。

＊

南英一教授は、白い灰の分析を猿橋に依頼しようと思いつく。その年の五月、南教授は、研究室の助手・不破敬一郎を伴って、気象研究所に赴いた。

南はまず、猿橋の分析の精度を確認するために、自分たちが用意した炭酸カルシウム試料を猿橋に渡し、その純度を分析するように頼んだ。

＊

純度とはある物質中に、その主成分である純物質が占める割合をいう。純度の高い物質を作ろうとしても、製造段階で不純物が不可避的に混入するので、さまざまな検査や試験を行なうには、まず物質の純度を把握する必要がある。

純度が九九％なら、不純物は一％である。純度が九九・九九九九％なら、不純物は〇・〇〇〇一％ということになる。「九」がいくつ並ぶかで、純度の高さが云々される。

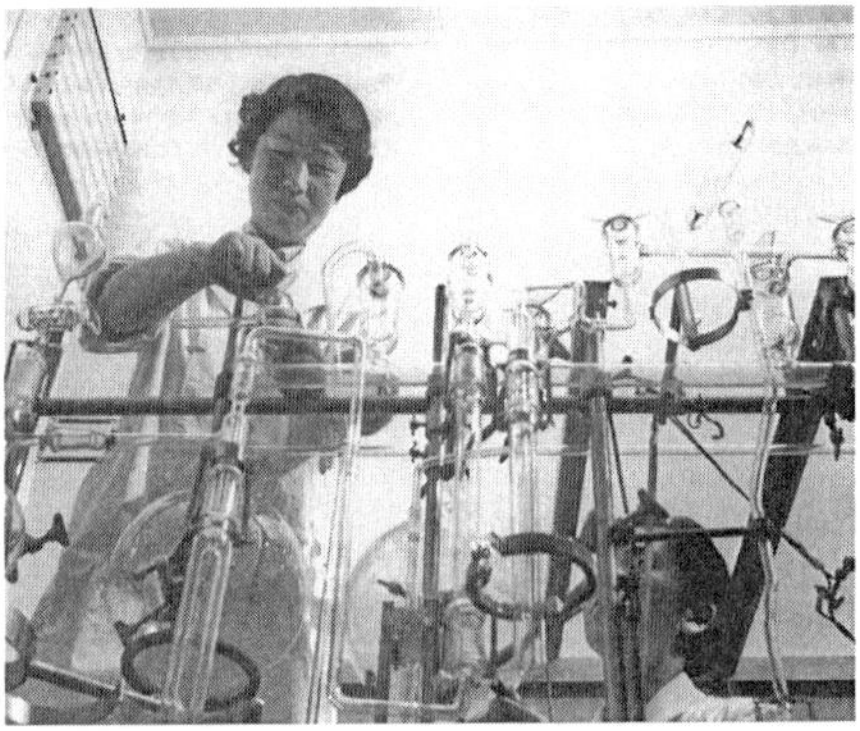

図 4　猿橋勝子の若いころの写真．白衣を着て実験している（撮影：笹本恒子）

＊

南が猿橋に渡した炭酸カルシウムの試料については、南の研究室で予め純度が測定されており、南や不破にとっては「純度既知」であった。猿橋の分析が「九」をいくつ出すか。腕試しの瞬間である。

精度が要求される細かい作業だ。南と不破が見守るなかで分析を行なった猿橋は、

「九九・九九％です」

と、胸を張って報告した。

「よく合っています」

不破が南に耳打ちする。

南は安心して、本命の白い灰を数粒、猿橋に差し出した。先にも述べたように、芥子粒ほどの大きさである。このときの様子を、猿橋は後に次のように綴っている。

「この測定器（猿橋が開発したもの）は掌《てのひら》にのってしまうくらいの小さいもので、その操作は微妙で少しの油断もできない。私は大先生を前にして、精神を集中しての測定に大変緊張し、手がこわばったのを思い出す」(6)

測定の結果、灰の成分は炭酸カルシウムと酸化カルシウムで、炭酸カルシウムの含量は、一一・六％であることがわかった。猿橋の分析結果と、いくつかの傍証とを合わせて、白い灰の正体は、サンゴ（珊瑚）の粉末であることが判明した。

猿橋の分析結果が意味するところは、次のように要約できる。サンゴのブローチなどで知られる硬いサンゴの大部分が、水爆の超高熱で分解して、柔らかい酸化カルシウムになっていたのである。サンゴの従来の主成分は炭酸カルシウムと炭酸マグネシウムで、炭酸カルシ

ウムの含有量は、約八九・五％である。それが瞬時に、一一・六％にまで激減したのである。まさに、分析の達人・猿橋勝子のお手柄であった。ビキニ事件から二ヵ月半ほど後のことである。

＊

こうして猿橋の分析の結果、ビキニ水爆の爆心地での様子が明らかになった。水爆は、ビキニのサンゴ礁をなぎ倒し、硬いサンゴを芥子粒大の粉末にまで破壊し尽し、富士山の一〇倍の高さに巻き上げたのだ。

白い灰の一粒一粒が、水爆の威力のすさまじさを物語っている。東京から一六〇㎞離れた静岡にまで轟音を届ける水爆は、爆心地の東京では、人間も建物も、ありとあらゆるものを、一瞬のうちに「粉末」にしてしまうのである。まさしく、想像の域を超えた破壊力だ。

＊

猿橋の分析結果は、二日後に京都で開催の「日本分析化学会」で発表された。

原爆許すまじ

その年の九月二三日、久保山愛吉が東京の病院で死去した。享年四〇。

ビキニ水爆の被爆から六ヵ月。放射能症(原爆症)による肝臓障害で、七転八倒の苦しみの末の死であった。爆心地から遥か一六〇㎞の彼方で浴びた死の灰が、人の命を奪う。

こうして久保山は、三度目《みたび》の被爆による日本人の犠牲者第一号となった。乗組員二三名のうち、二〇〇四年までに放射能被爆が原因の肝臓がんで他界した者、一四名。生存者で肝臓がんなどのがんを発症した者、七名。がん発症率は、実に九〇%であった。

◆コラム　猿橋らの観測結果が原水爆禁止運動につながっていった

放射能を含んだ死の灰は気流に乗って遠くまで運ばれ、雨とともに降り注いだ。猿橋らは、一九五四年に日本に降った雨から高い放射能を観測する。核実験が繰り返されていることを示すものである。魚も農作物も、飲み水さえもが、放射能で汚染されていた。この事実を、猿橋ら科学者は一般の人たちに伝え続けた。

安全な生活を取り戻したいという母親たちの思いが、原水爆反対の機運として日本中に広がり、「原水爆禁止署名運動」が始まる。翌五五年八月六日の第一回原水禁世界大会までに、三〇〇〇万を越す署名が集まった。当時の日本の成人人口の半分以上が署名したことになる。日本の呼びかけで世界各国でも六億以上の署名が集まり、この日を「ヒロシマデー」と名づけて世界各地で集会が開かれた。

世界的な原水爆禁止運動を受けて、五七年には、アメリカ、ソ連、イギリスが「部分的核実験禁止条約」を締結し、大気圏での核実験禁止を定めた。日本発の草の根の反核運動が実ったのである。

2　海水の放射能汚染

ストロンチウム九〇 と セシウム一三七

猿橋による白い灰の成分分析と並行して、東京大学理学部の木村健二郎教授らは、白い灰の放射能分析を行なっていた。ガイガーカウンターの測定から、多量の放射能の存在が認められたが、先にも述べたようにガイガーカウンターでは、放射能をもたらす物質の特定はできない。

木村らはさまざまな放射能分析の手法を駆使して、白い灰や乗組員たちの体に、ストロンチウム九〇(Sr-90)が含まれていることを見出した。

ストロンチウム九〇は、半減期が二八・八年の放射性核種である。2族元素(アルカリ土類金属)の仲間で、元素周期表では、同じ2族元素のカルシウムの真下にくる。元素周期表で同じ列に属する元素(すなわち、「同族の元素」)は、化学的性質が類似している。ストロンチウム九〇はカルシウムと似た化学的振る舞いをするので、人間や動物の骨(カルシウムが主成分)

に沈着して、長期にわたって造血機能を蝕《むしば》み、骨肉腫や白血病の原因になる。

体内で甚大な被害を及ぼすもう一つの放射性核種・セシウム一三七(Cs-137)も、白い灰から見つかった。セシウムは1族のアルカリ金属である。元素周期表で同じ列にあるカリウムと似た化学的性質を持ち、人体・動物体内ではカリウムとともに行動して筋肉に集まる。半減期は三〇年。染色体や遺伝子の突然変異を起こすことがあり、無精子症や奇形児誕生などにつながる。実際、第五福竜丸の乗組員たちは被爆後、無精子症になる者もあったし、乗組員の一人・大石又七の第一子は奇形で死産であった。ストロンチウム九〇やセシウム一三七は、天然には存在しないもので、核分裂の際に生成される人工放射性核種である。具体的には、ウランの核分裂に際して生成される。

汚い水爆

日本の科学者たちは白い灰の放射性物質の分析から、ビキニ水爆は、核分裂(Fission)→核融合(Fusion)→核分裂(Fission)が続いておこるもの(頭文字をとって、「3F爆弾」と呼ばれる)であったと推論した。

まず、中心に置いた原爆が引き金の核分裂(Fission)を起こし、その外側にある重水素化リチウムの核融合(Fusion)を引き起こす。ここまでが、水爆である。

さらにその水爆を天然ウラン二三八(U-238)の外皮で包んだものが、3F爆弾である。高いエネルギーの中性子が外皮の天然ウラン二三八にぶつかって核分裂(Fission)を誘発し、大爆発とともに膨大な放射性物質が作り出される。天然ウラン二三八を使うので、比較的安価で大きな破壊力が得られる。

*

たとえは適切でないかもしれないが、和菓子の「お萩」や「餡餅」でいうなら、丸めた餡《あん》だけがあるのが、原爆。その餡を真ん中に入れて、餅《もち》でくるんだものが、水爆。その餡餅の外側に、超甘の餡を再びたっぷりつけて包んだ、三重構造のものが3F爆弾である。

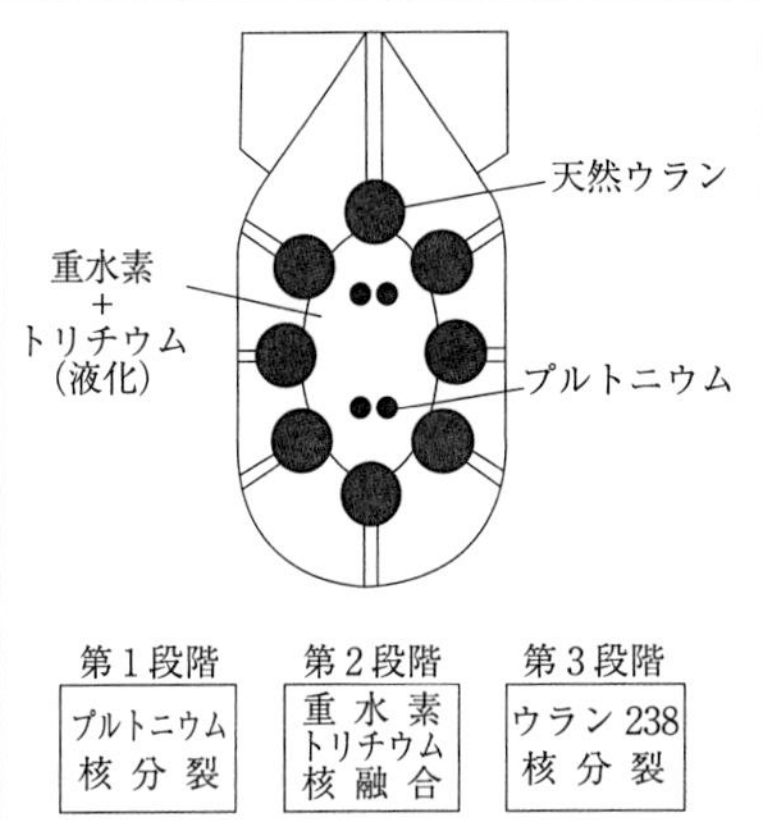

プルトニウムの核分裂がおこると，その高熱で重水素トリチウム核融合反応がおこり，そのとき放出される中性子で天然ウランの核分裂が引きおこされる．

図5 3F型爆弾

ゲ・イ・ポクロフスキー著，林克也・太田多耕訳『現代戦と科学技術』(新日本出版社，1962) 76ページ

日本の科学者たちが3F爆弾を推論できたのは、白い灰の中に、ウラン二三七(U-237)やネプツニウム二三九(Np-239)などの誘導放射性核種を確認できたからである。ウラン二三七はウラン二三八から高速の中性子で作られ、ネプツニウム二三九はウラン二三八から低速の中性子で作られる。

水爆だけならば、原理的には、引き金に用いられる原爆からの核分裂生成物（Sr-90やCs-137など）のみが出てくるはずであり、ウラン二三七などの余分の放射性物質は生まれない。

＊

このように3F爆弾では、核分裂の部分が第一段階と第三段階の二回もあるため、放射性の分裂生成物を大量に生成する、いわゆる「汚い水爆」になる。

原爆や水爆に「汚くないもの」などあろうはずもないのだが、現在はとりあえず3F爆弾は製造されていない。

ビキニ水爆は実は、汚い3F爆弾の中でも質《たち》の悪いものだった。事前の理論計算の予測をはるかに超えた破壊力を示したのである。爆心地の全てのものを一瞬にして「粉末」に変える、あの破壊力である。

予測以上の破壊力になった原因として、「外皮のウランの量が多すぎた」「外皮の効率の計算を間違った」「リチウム6の濃縮が不十分で、リチウム7が重水素と融合してできた高速中性子が加わって、外皮のウランの核分裂エネルギーが予想を著しく超えた」などが後になって判明した(7)。ソ連に追い越される不安が、アメリカのなりふり構わぬ姿勢に現れている。

米ソを中心とする原水爆開発競争は、ビキニ事件の後、加速度的に急増の一途をたどり、地球の放射能汚染は際限なく進行した。

ビキニ事件の直後から、日本の医師団は治療に役立てるために、白い灰の放射能の素性を教えてくれるよう、アメリカに要請していた。しかしアメリカは、「軍事上の機密」を楯に取って、最後まで情報提供を行なわなかった。そもそもが汚い3F爆弾であった上に、計算のミスにより予測外の破壊力を出してしまった事実を、世界中から隠匿するためである。日本の科学者たちは白い灰の分析から、自分たちの力だけでアメリカの最高軍事機密である水爆の構造を解き明かしてしまったわけである。

この結果は、アメリカを大いに慌てさせたのだった。

＊

ビキニ海域の放射能汚染調査

ビキニ海域の放射能調査を実施するために、農林省水産庁(当時)は、一九五四年五月一五日から七月四日まで、練習船・俊鶻丸《しゅんこつまる》を現地に派遣した。調査の結果、ビキニ海域とその近辺で予想を超えた放射能汚染が見出された。さらに、爆心地から一〇〇〇kmとか二〇〇〇km離れた所でさえ、海水も生物も放射能に汚染されていることが判明した。

アメリカはそれまで、「海水に薄められるので放射能汚染は心配ない」と、核実験の安全性を主張していたのだが、その主張が覆されたのである。また、放射能物質が生物体内へ濃縮される事実も、過小評価されていることがわかった。

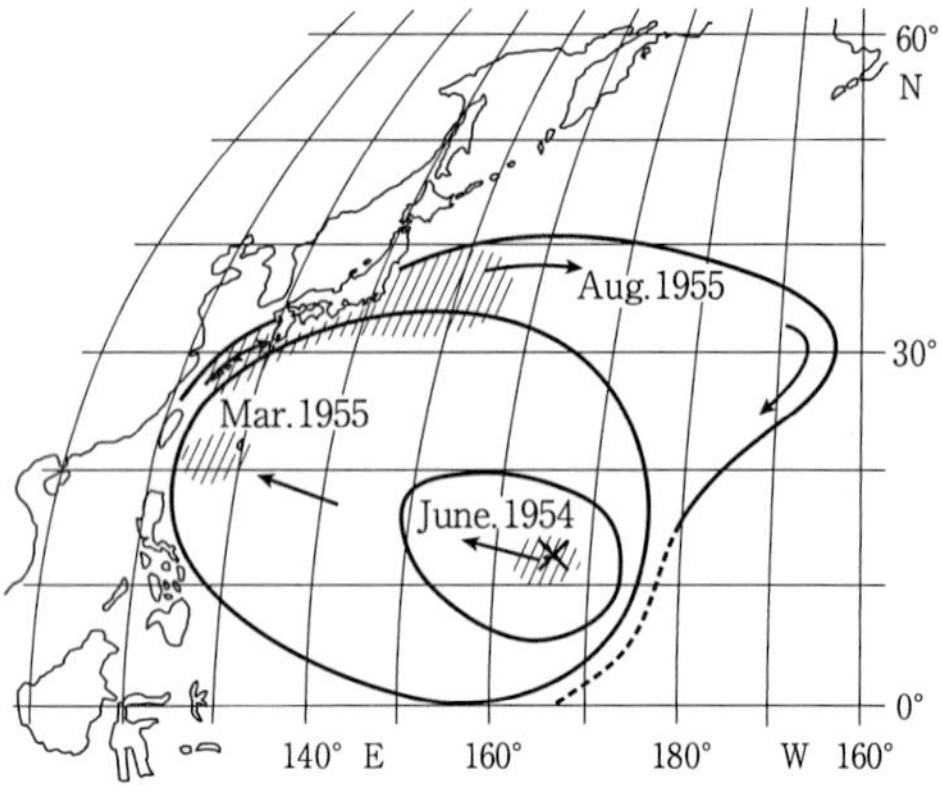

図6　北太平洋における放射能のひろがり
三宅泰雄・猿橋勝子「放射化学と海洋」科学 **28** 510–513(1958)

調査団は、ビキニ水爆の被害の大きさを実際に確認したのである。

この調査の結果に驚いたアメリカ原子力委員会は、翌年の一九五五年の春、タニー号をビキニ海域に送って俊鶻丸調査の追試をし、日本の調査の正しさを全面的に認めた。

日本近海の放射能汚染調査

ビキニ水爆で生成された高濃度の放射性物質は、ビキニ海域から北赤道海流に乗って西に流れ、ビキニ事件から一年後の一九五五年春には、フィリピン沖に達した。そこから黒潮に乗って北上し、その年の夏には日本の南岸に達した。こうして、日本近海はかなり強く放射能で汚染されることになった。

放射能はそこからさらに東に広がって北太平洋全域に行き渡り、アメリカ西海岸にまで到達することになる。放射性物質の濃度は長い旅の過程で徐々に薄められ、アメリカに届くころにはかなり低くなる。したがって、海水中の放射性物質の濃度は、北太平洋の西側（日本近海）の方が東側（アメリカ西海岸）よりはるかに高い（北太平洋における放射能汚染のひろがり：三宅－猿橋の論文から、図6参照）。

＊

微量分析の達人・猿橋勝子は気象研究所で、師の三宅泰雄が主宰する研究室に属していた。死の灰の分析以来、猿橋や三宅のところに、漁船などから海水が持ち込まれ、研究室をあげて日本近海の海水の放射性物質測定に従事した。

やがて、日本の放射能汚染海水の分析は、一括して気象研究所に委託されることになった。アメリカ側は、カリフォルニア大学のスクリップス海洋研究所が担当しており、分析の世界的権威、セオドア・フォルサム博士が研究グループを率いていた。

一九六〇年、フォルサムらは、南カリフォルニアの海水中のセシウム一三七の濃度を、一ℓ当たり、0.1×10^{-12}キュリーと報告した(8)。これに対して、三宅－猿橋らは日本近海のセシウム一三七の濃度を、一ℓ当たり、$0.8\sim4.8\times10^{-12}$キュリーと、アメリカの値より一〇〜五〇倍高い値を出した(9)。ここで、キュリーというのは、放射能の壊変強度を表す単位で、キュリー夫妻にちなむものである。

日米の測定値の差を、三宅－猿橋は前述のような海流の解析を使って説明した（図6参照）。しかし、アメリカはじめ多くの外国の科学者たちは、猿橋らの測定を誤り・改竄《かいざん》だと、根拠もなく批判した。核実験の安全性を主張しているアメリカにとっては、三宅－猿橋の出した値は、不都合なものだったのである。

日本の測定の正しさを確信していた三宅は、アメリカ原子力委員会に、同一の海水を用いて日米の測定法を相互検定することを申し入れた。この申し入れは受け入れられ、カリフォルニア大学のスクリップス海洋研究所が、相互検定の場に選ばれる。

同研究所は、一九五六年〜五七年の一年間、三宅が客員教授として滞在したところである。また、一九五六年九月には、同研究所のD・マーティン博士が気象研究所に派遣され、約四〇日滞在して、海水および海洋生物に関する放射能分析の知識を修得して帰った。

猿橋の渡米

一九六二年、猿橋は三宅の勧めで、日米の測定法の相互検定のために、アメリカ・カリフォルニア大学のスクリップス海洋研究所に赴くことになった。

日本の科学技術の威信をかけて、アメリカに乗り込むわけだ。オリンピックに例えるなら、猿橋は日の丸を背負って世界に挑む選手であり、三宅は、その選手を育てて世界に送り出す監督である。

猿橋がアメリカで使うために、分析用の機器や試薬等の一切が、三宅－猿橋の研究室からスクリップス海洋研究所に送られた。

◆コラム　核分裂、核融合と原子爆弾、水素爆弾の原理

鉄より重い元素が分裂して軽い元素に分解するとき、発熱反応となる（核分裂：Fission）。これに対し、鉄より軽い元素同士が融合して重い元素に変換するときも、発熱反応となる（核融合：Fusion）。発熱反応となるこれらの核反応（核分裂や核融合）では、元素の質量の合計を反応前後で比較すると、反応後のものがわずかに少ない。反応を通して減少した質量が運動エネルギーとして放出されるために、発熱反応になるのである。

放出される運動エネルギーEと、減少した質量mとは、アインシュタインの特殊相対性理論から求まる式$E=mc^2$で関係づけられる。光速cは毎秒3×10^8mと非常に大きい値なので、減少した質量mが小さくても、放出されるエネルギー（熱量）Eは莫大なものになる。

「核分裂」はウランなどの重い原子核が、同程度の質量数を持つ二つ以上の原子核に分裂する核反応である。核分裂の際に、大きなエネルギーが出る。核分裂にともなって二〜三個の中性子が放出される。この放出中性子を他のウランが捕獲すると次の核分裂が起り、連鎖反応を引き起こす。この連鎖反応を一時に起こすのが原子爆弾であり、制御しつつ進行させるのが原子炉である。

一方、「核融合」は、軽い原子核が結合してより重い原子核を形成する現象で、その際に外部に莫大なエネルギーを放出する。水爆はこのエネルギーを利用した

ものであり、太陽などの恒星のエネルギー源も核融合反応によっている。これらの反応を制御された状態で行なったものが、核融合炉である。

3　道場破り・現代版

異国の地

一九六二年四月、猿橋勝子は単身、サンディエゴにあるカリフォルニア大学スクリップス海洋研究所に乗り込んだ。アメリカ原子力委員会の要請という形で、日米両国の放射能分析法の相互比較をするのが目的であった。

先にも述べたように、スクリップス海洋研究所では、セオドア・フォルサム博士が放射性物質の分析を担当していた。日本近海の海水中のセシウム一三七に関する猿橋らの測定データを批判するアメリカの科学者のなかで、フォルサムは急先鋒だった。

フォルサムは当時すでに七〇歳近くで、分析化学の世界的権威であった。フォルサムの助手をしていたラリー・フィニン博士の証言によると、フォルサムは才気溢れる天才で、気難しいところがあり、他の人の研究を容易には認めない人だった。

対する猿橋は、まだ四二歳。フォルサムから見れば、子供みたいなものだ。

掘っ立て小屋

フォルサムは、猿橋が毎日研究所に通う必要はないと言って、木造の掘っ立て小屋を与えた。驚くほど汚い小屋だったが、この処遇に、猿橋は、必ずや分析競争に勝ってみせる、と逆に発奮する。

海水中の放射能物質の分析は、精密さを必要とするだけでなく、大量の海水を一度に処理するので、大変な肉体労働でもあった。

その頃のことを、猿橋は後に次のように述懐している(13)。

「私は毎日、海岸に突き出たピア(桟橋)の先から海水五〇リットルを汲み上げ、一種、悲壮な感慨を抱きながら、放射性核種の分析に当たった」

「仕事の鬼」のような学者が大勢いるスクリップス海洋研究所で、猿橋は抜きん出たハードワーカーとして、皆の尊敬を集めるようになる。

しかし、猿橋が最も苦労したのは、猿橋が化学屋でありフォルサムは物理屋であるために、意思疎通に時間を要したことだ。猿橋は、三宅との往復書簡で愚痴をこぼしたりしたようだ。三宅は返信のなかで、「フォルサムを教育するために貴女をスクリップス研究所に送ったのではない。フォルサムに協力してあげてほしい」と、猿橋をなだめたり励ましたりしている。

日米の測定方法

海水の主要成分は、塩化ナトリウム（食塩）や塩化マグネシウム（にがり）であり、極微量の放射性物質を分析するには、まず放射性物質を濃縮しなければならない。そのためには、大量の共存物質に妨害されない濃縮方法が必要であった。

分析の対象は、セシウム一三七である。しかし当時はまだ、微量の放射性物質を濃縮するための、標準的な方法は確立されていなかった。

スクリップス海洋研究所は「フェロシアン化ニッケル吸着法（NIFER法）」により放射性物質を濃縮していた。猿橋は、日本で開発した「リンモリブデン酸アンモニウム沈殿法（AMP法）」によって放射性物質を濃縮した。

濃縮した後のセシウム一三七の定量分析については、セシウム一三七が放出するガンマ線の線量を測定することによって、セシウム一三七の含有量を推定する。

分析競争開始

猿橋とフォルサムの「分析測定法の精度競争」には、セシウム一三四が用いられることになった。

セシウム一三四は、セシウム一三七のように核爆発により多量に生成されるものではない。

したがって、当時の海水中には基本的に存在しないことから、回収率（目的物質を分析によってどれだけ回収できたかを表す量）のトレーサーとして選ばれた。

「回収」という言葉はそもそも、「散らばってしまったものを集めて戻す」という意味である。化学分析においては、溶媒に溶けた溶質の種類や量を特定する目的で、その溶質を化学的に取り出す作業を、「回収」と呼んでいる。

分析競争は次のような手続きで行なわれた。まず第三者が、セシウム一三四の濃度が異なる四種類の溶液を作成し、それをそれぞれ海水五〇ℓに溶かして、四つの容器に別々に入れる。もちろん、四つの容器は、猿橋用とフォルサム用に、二セット準備される。猿橋とフォルサムには、四つの容器に入った海水の中の、セシウム一三四の濃度は知らされない。そして、猿橋とフォルサムに、これらの四つの容器が渡され、分析競争開始となる。

＊

とまあ、通常の分析競争なら、以上の手順のはずである。しかし、分析競争の後に書かれた「フォルサム－猿橋論文」(11)の中のデータを克明に調べてみると、必ずしもフェアな設定ではなかったことが見えてくる。

実際に猿橋に手渡された試料は、フォルサムに渡された試料と比べると、セシウム一三四の濃度が二割も低いものであった。希薄試料の分析では、濃度が低いほど分析作業は困難になる。猿橋のほうが、最初から不利な戦いを、知らされぬままに強いられたわけである。

試料を準備したのも、科学者たちである。科学者が、こんな不公正な行ないをしてよいものだろうか。敗戦国日本の女性科学者に負けるようなことがあっては、面子《めんつ》が立たないと考えたのだろうか。分析競争の立会人となる審査委員たちの独断だったのかもしれない。フォルサム自身がこの不正を承知していたか否かは、今となっては確かめる術《すべ》もない。

猿橋は、普段通りにセシウム一三四の濃縮作業を始めた。アンフェアな罠に猿橋が気づかなかったことが、かえって幸いした。気持がかき乱されることもなく、分析に専念できたのである。

*

それぞれの容器の海水を濃縮して、セシウム一三四を何%まで回収できるか。より多くの放射性物質を回収することを競うのである。一般には、八〇%以上を回収できれば一流といわれている。

猿橋はAMP法を、フォルサムはNIFER法を使う。立会人たちの注視のもと、息詰まるような雰囲気で、真剣な分析競争が始まった。

フォルサムにとっては、ホームグラウンドでの勝負である。それにひきかえ猿橋のほうは、遠征先で敵対相手の球場での試合である。スタンドにいるのは相手のファンばかり、という孤立無援の戦いだから、猿橋の側の精神的なハンディは大きい。

このときのことを、猿橋は後に次のように記している(10)。

「私は、私たちの測定法に自信を持っていたとはいえ、やはり多少の不安はあった。アメリカの科学者たちの監視のもとで、いわば〝敵の陣地〟での作業にはスリルがあり、緊張の連続であった」

猿橋の文のなかの「スリルがあり」という表現から、猿橋自身もこの勝負を意外と楽しんでいた様子が窺える。なんとも頼もしい精神力の持ち主ではある。

分析競争の結果

緊張のなかで進められた分析の末、両者の測定結果が発表される。回収したセシウム一三四の量を、それぞれの既知量(分析終了後に明かされる)で割って、回収率が計算される。

二人の結果は、表1に示されている。

表1 分析競争の結果(±の後にくる数字は，4つのデータのばらつきの程度(標準偏差)を表すものである)

^{134}Cs 回収率	猿橋(AMP 法)	フォルサム(NIFER 法)
平均	94.4±2.7%	86.5%±6.0%
4回の回収率	94.7%	95.2%
	94.7%	83.2%
	97.4%	85.2%
	90.7%	82.5%

1. 猿橋の平均回収率は九四・四％でフォルサムの平均回収率八六・五％よりはるかに高い。
2. ばらつきの程度についていうと、猿橋が二・八％であったのに対して、フォルサムは六・〇％で、猿橋がフォルサムの半分以下だった。

一般に、データの信頼性が高いか低いかを評価する際には、「平均値そのもの」のみでなく、「ばらつきの程度」の小ささが決定的な要素になる。

3. 要するに、猿橋の分析結果は、平均回収率が高いことに加えて、ばらつきの程度が小さいという、鬼に金棒の成績だったのである。

これらの結果から、放射性物質の測定法としては、日本側の「リンモリブデン酸アンモニウム沈殿法(AMP法)」のほうが、アメリカ側の「フェロシアン化ニッケル法(NIFER法)」よりも優れていることが示された。

＊

アンフェアな試合を仕掛けたアメリカ側を、猿橋は議論の余地なく打ちのめしたのである。なお日本では後日、AMP法が、放射性物質の分析法として、国が定める標準分析法に採用された。

フォルサムと共著の論文

分析競争について、猿橋は次のように書いている(10)。

「私が米国に派遣され、両国の分析法を実地に相互検定することとなった。昔の言葉でいえば、〝道場やぶり〟というところ。検定の結果、われわれの測定法は全く正しかったばかりか、彼らのものより精度が高いことを認めさせた」

こうして、日本近海の放射能汚染に関する日本のデータの正しさが、はっきりと認められた。日本近海の放射能汚染が、南カリフォルニアの海の汚染の一〇倍から五〇倍であることが、認められたことにもなる。これによって、三宅－猿橋が主張した「海洋の放射能の拡散過程」(前章参照)の正しさも、合わせて証明されたわけである。

分析競争の後、フォルサムは、猿橋を高く評価し、尊敬するようになった。そして猿橋とフォルサムの測定法の相互比較は、二人の共著の論文として発表された(11)。

アメリカの原子力委員会も、日本近海の放射能汚染に関する日本のデータを認めざるをえなくなった。核実験は安全だというアメリカの主張の根拠が、また一つ崩されたのである。

金メダル

猿橋の道場破りについて、専門家たちは次のように評価する。

研究者のみでなく、一般の人たちも、海外に出ることが今と比べて格段に少なかった一九六二年。日米の国力の違いが大きい中で、女性が単身アメリカに行き、しっかりしたデータを出して、気難しいフォルサム博士を納得させたことは、絶賛に値する。

また当時は、違う方法で分析したデータを同じ土俵で比較できるのか、という疑問が一般的であった。そういう状況下で、実際に同じ試料を分析して、分析方法の優劣を確認したという成果は大きい。国際共同研究の先駆けだといえる。

極微量分析の方法を世界的に確立したことも、大きな意義があった。

＊

再びオリンピックに例えるなら、一本勝ちして金メダルを取り、祖国に錦を飾ることになったのである。

＊

猿橋は、スクリップス海洋研究所での滞在を振り返って、後に次のように書いている(12)。

「海洋学研究の世界的メッカで、私はユーリイ教授、アルレニアス教授、レイクストロウ教授、レイト教授、シェパード教授、フォルサム博士等々および教授夫人らとご交誼をいただいたことは、私にとっては、大変ありがたいことであった。女性科学者としては、地質調査所のヘレン・フォスター博士、ウッズホール海洋研究所のメアリー・シアース博士らとも親しくしていただいた。これらは、私の人生を、一まわりも二まわりも大きいものにしてくれたといっても、いいすぎではない」。

◆コラム　日本のＡＭＰ法が優れていた理由

セシウムはアルカリ金属元素（元素周期表で左端第一列、１族元素）に属し、多くの化合物はイオン結晶性の塩《えん》として存在している。それらの塩のなかで、リンモリブデン酸アンモニウム（ＡＭＰ）とフェロシアン化ニッケル（ＮＩＦＥＲ）が、難溶性（溶けにくい）化合物の例として経験的に知られている。そのために、これらの物質が分析に利用されたと考えられる。

いずれの場合も、それぞれの構造に含まれる空孔にセシウムが捉えられて、難溶性化合物として沈殿する。

またいずれの難溶性化合物も、沈殿物は結晶ではなくアモルファス状態である。ただし、ＡＭＰのほうが比較的簡単に沈殿するので、技術的に沈殿物を回収しやすい利点がある。さらに、ＡＭＰの沈殿物は回収後に容易に測定試料を作成することができるのに対して、ＮＩＦＥＲの場合は壁面についたりして回収は簡単ではない。

このように、生成した沈殿物の性状の違いが、その後の分析過程で、回収率の差となって現れたものと考えられる。

4 科学者への道

猿橋勝子は、一九二〇年(大正九年)三月二二日、東京の芝区(現 港区)白金三光町に生まれた。

電気技師であった父・邦治が三八歳、母・くのが三六歳のときの子で、一人娘だった。ただ一人の兄・英一とは九歳も年が離れており、家族の愛を一身に受けて育つ。

父は穏健な人で、猿橋は叱られたことがなかった。母はしつけには厳しかったが、過保護なくらい猿橋を可愛がった。兄と喧嘩した記憶はない。

甘えん坊で泣き虫

小学校は、芝区立(現 港区立)神応小学校に入学する。猿橋は三月下旬の生まれだったので、四月初めに生まれた同級生に比べると約一年も幼い。そのためクラスのなかで一番小さく、身体的にも精神的にも、ひ弱であった。

猿橋はその頃のことを、次のように書いている(以下、本章の引用で断りのないものは全て

図7　小学校入学の頃
舶来の服を着せ大切に育てられたことがわかる

(12)から)。
「私は朝、学校に行くために母と別れるのが、何ともつらかった。母から「ハンカチを持ちましたか。忘れ物はありませんね」などと声をかけられると、こらえていた悲しみが一度にふき出て、両眼から涙が溢れでた」。

＊

母のしつけについては、たとえばよその家で行儀の悪いことがあると、本人が納得して詫びるまで夕食を食べさせなかった。母も一緒に食べないでいた。どんなに叱られても、猿橋は「お母さん、お母さん」と一日中、母にまつわりついた。

母の過保護さについては、毎日新聞の「母を語る」欄の記述が様子を物語っている(一九八三年四月一〇日)。

「引っ込み思案で、人前に出るのを死ぬほど嫌《いや》がっていた少女が、昼休みになると、人目もはばからず、教室の窓に駆け寄っていった。窓の外には、好物の卵焼きや焼き魚を詰めた作りたての弁当を手に、母が立っていた」

「私、冷たいご飯が嫌いで、食べられなかったんですよ」と猿橋が説明する。

甘えん坊で泣き虫の、ひ弱なおチビちゃんだった。

ロールモデルとなった女性教師たち

猿橋は小学校で三人の女性教師と出会い、大いに啓発される。一、二年の担任・杉田はる、三年の担任・大庭富美、そして、四〜六年の担任・前田シヅである。いずれも、子供を育てながら教鞭をとっていた。

三人の教師たちへの思いを猿橋は綴る。

「三人の先生が、それぞれのおかれた立場において、職場と家庭生活を両立させ、教育という仕事に懸命に努力されている姿は、子供たちに大きな影響を与えた」

「甘えん坊で、わがままに育った私に自立心のようなものが芽生えはじめたのは、三人の先生のお力によるところが大きい」

三人の教師たちからの無言のメッセージを受けて、猿橋は六年生の学芸会で「一生懸命勉強して、社会に役立つ人になりたい」と抱負を述べている。この「一生懸命」と「社会に役立つ」が、猿橋の生涯のテーマになる。

「雨はなぜ降るのか」

長じて科学者になった人間には必ず、子供時代に、「科学者の芽」となる何らかの思い出がある。猿橋の場合、それは「雨」だった。部屋の中から窓ガラス越しに雨が降る様子を眺めながら、「雨はなぜ降るのか」と考えた。

特に九月初めの二百十日(雑節のひとつ)の頃には、台風のために、大好きな学校に行けないこともあり、雨がどうしてこんなにたくさん降るのだろうと、多少恨めしい気持で空を見上げたりした。

後に気象研究所で海洋や大気の研究をすることになる経歴の、出発点がここにあった。

女学校へ

小学校卒業後は、東京府立第六高等女学校(第六高女、現 東京都立三田高校)に進んだ。義務教育は小学校までだった。その後は男女別学になり、男子は中学に、女子は高等女学校に進む。いずれも教育期間は、五年であった。

国全体の統計でみると、この年(一九三二年)に小学校を卒業した女子のうち、高等女学校に進学したのは一二・九五%で、約八人に一人の割合である。

第六高女は、自由な教育をすることで高い評価を受けていた。入学試験の倍率は五倍だった。受験勉強のために塾に行く同級生もいたなかで、塾に行かずに合格したことを、猿橋は誇りに感じていた。

第六高女では、健康な体を作るための体育を重視した。そのなかで、猿橋もひ弱なおチビちゃんから運動が得意なぴちぴちの健康優良児へと脱皮していく。学校には二五mの室内プールがあり、一年中泳げる贅沢さで、猿橋は水泳がうまくなった。テニスは放課後、あたりが暗くなるまで打ち合って腕を上げた。「私、バックハンドが得意だったのよ」と、猿橋は後年、楽しそうな表情で述懐した。弓道部にも入り、矢が的に当たる手ごたえを楽しんだ。ランニングはクラス一番で、五〇mを七秒台で走った。こんなエピソードが残っている。第六高女は毎年一〇月二三日に、神宮外苑のグラウンドで盛大な運動会を開いた。学年対抗の四〇〇mリレーは、この運動会のハイライトであった。選手は各組から一人ずつ選ばれる。猿橋はクラス代表選手に選ばれ、スパイク靴をはいて走る姿を両親に見せて喜ばせた。

運動神経は抜群で、ずっと後で、晩年になって始めた社交ダンスもすぐに上達した。

『英米戯曲総覧』

学業に関してもこんなエピソードが残っている。

第六高女に入学したとき、猿橋がまず驚いたのは、英会話の時間だった。猿橋が通った小学校は公立だったので、英会話は教科になかった。ところが私立小学校では英会話の授業があり、私立出身のクラスメートたちは最初から英語が話せる。

これは大変だと、猿橋は兄・英一に相談する。英一は妹自慢で、猿橋を友人宅などに伴うことが多かった。妹からの相談事にも、親身になって対応した。

英一は横浜市立商業専門学校(Y専と呼ばれた。現 横浜市立大学商学部、経済研究所)の卒業生だが、Y専時代に外国人を案内するガイドのアルバイトをしていた。猿橋は、英語の得意な英一から懇切丁寧な特訓を受け、一年の夏休みが終わるころには、私立出身のクラスメートに追いついた。

＊

猿橋が第六高女を卒業する際に、記念に一冊の本を翻訳するようにと、英一が勧める。英一は子供のころから演劇が好きで、演劇に関するサークル活動をしていた。

その英一が、翻訳のために猿橋に勧めた原書は、『英米戯曲総覧』(W・ブラッドフォードスミス著)で、戯曲の発展の歴史に関するものであった。猿橋は、内容は十分に理解できない部分もあったが、ともかく一冊を訳し上げた。

英一は、猿橋が訳し終えた原稿用紙を製本し、紺色の表紙をつけて、金文字で背表紙に、「卒業記念『英米戯曲総覧』猿橋勝子訳」と入れた。世界中でたった一冊のこの翻訳本は、今も大切に保管されている。

＊

猿橋は第六高女時代に、生涯のつき合いとなる友と出会った。久保佳子、鳥山経子、井口国子らである。卒業後も親交が続き、猿橋が気象研究所を退官後に「猿橋賞」を創設したとき、この友人たちが大きな貢献をした。

医師を志す

女学校の高学年になった頃から、猿橋は自分の将来について、真剣に考えはじめた。将来は仕事を持ちたい、できれば一生続けられる仕事がいい。自分に最も適した仕事は何だろうか。

あれこれ思案するなかで、猿橋は小学生の頃の夢にも思いを馳せた。

「小学生のころは女医になることを夢みていた。病気で苦しんでいる人を、元気にしてあげることのできる優しい女医に、私は胸一杯の尊敬の念をもっていた」

この文章に表れている子供らしい純粋な正義感を、猿橋は生涯持ち続けることになる。

＊

好きな学科の勉強をし、その延長でライフワークを選んで、それが社会的に価値あるものだとしたら、それは最高にすばらしいとも考えた。

「私は学科の中で、割合と優秀なものは、数学、英語、ついで物理学であった。化学は化学分子式とか、化学方程式(ママ)を覚えるのが苦手で、あまり好きになれなかった」。

＊

猿橋の思案の中で、弁護士も将来像として候補に上がった。

「親類に弁護士をしている叔父さんがいた。私は医者とは別の意味で、困った人を救ってあげることができる仕事として、弁護士に憧れたことがある」。

＊

思いを巡らせた後、医師になるという結論にたどり着く。

図8　17歳のとき

「数学や物理の好きな女の子の進む道は、当時は、女学校や小学校の先生になるのが、ごく普通の道であった。いろいろ考えた末、私が選んだのは、小さい頃から憧れていた女医を目指すことであった。女医になって、社会に貢献したいと思った」

あくまでも、「人の役に立つ仕事」「社会に貢献する仕事」が、猿橋の発想の原点であった。

親の方針

猿橋の意中の進学先は、東京女子医学専門学校（東京女子医専）であった。医師を目標にする女性にとって、これ以上はない学び舎である。

当時、大学は女性の入学を許していなかった。したがって、高等女学校の後の専門学校（三年または四年の就学期間）が、女性にとっての最高学府であった。ちなみに、現在の女子大学（東京女子大学や日本女子大学など）も、当時は専門学校であった。

第六高女卒業を目前にして、その後は東京女子医専への進学を、とひそかに思い決めていた猿橋の前に、全く思いがけない障害が立ちはだかった。

猿橋勝子の両親は、子供たちに教育を授けることに熱心であった。しかし、成人してから東京に出てきた両親にとって、女の子に対する高等教育は視野になかった。男の子には十分な高等教育を受けさせてやりたいと考えていたが、女の子は二〇歳くらいで嫁にいかせようと漠然と思っていた。

猿橋が女学校を卒業する少し前に、兄の英一が北海道出身の若林久枝と結婚したが、久枝は室蘭高等女学校(現　清水丘高校)の卒業生だった。このことも、女の子は女学校まで行かせれば十分だ、と両親が思い込むきっかけになったようだ。

猿橋が第六高等女学校を卒業した一九三七年には、高女卒業後に正規の高等教育機関に進学した女性は、同年齢の女性の約〇・六%に過ぎなかった。

両親の意向を知った猿橋は、進学したいという自分の気持を、なかなか言い出せずにいた。卒業前に、親戚が就職話を持ってきたこともあり、猿橋は両親の希望に沿って、その就職話に乗ることにした。

猿橋の受けてきたその時代の教育のせいか、両親の意見に逆らうのはとても良くないことだと、猿橋は考えていた。

どうしても勉強したい

こうして猿橋は、親戚が勧めてくれた生命保険会社に入社した。仕事は興味を持てるものであり、最初は仕事に満足していた。しかし二年目あたりに、高等女学校から上級学校に進んだ同期生たちの消息がわかってきて、進学への思いが再燃する。どうしても勉強したい、という、止み難い思いが湧き上がり、否定できないまでに大きくなった。さらにこの間《かん》、見合い話もあり、しかも相手が親戚筋で、辞退するのが困難な状況も出てきていた。

猿橋は、進学希望を両親に切り出せずに悩んだが、兄・英一が口添えし、両親の説得に尽力してくれた。両親も、猿橋の強い気持を理解し、進学を許した。

友人には、「学資が十分貯まったので、進学の目処が立った」と話した。猿橋の両親は、進学を許可してからは経済的にも精神的にも全面的に猿橋を支えたのだが、猿橋自身は、親の意向に背いたと人から悪くいわれるのを恐れて、友人たちには学資云々の話をしてしのいだらしい。

この件については、猿橋は人に話したり文章に書いたりを、一切しなかった。猿橋の著書『学ぶこと　生きること』(12)では、「私の学んできたもの」という章を立て、「小学校時代」「女学校時代」「大学から中央気象台へ」などの節で、自伝的な回顧を披露しているが、「高女卒業から理専入学までの四年間」への言及は全くない。

それでも後年、兄・英一の子供たちが大学入学の報告に訪れたりすると、猿橋は「大学に入ったことは勉強の始まりに過ぎないのだから、慢心してはいけない」と諭すのが常だった(14)。また、「上級学校に進学できるのは、単に成績がよいとか、資力があるということばかりでなく、周囲の協力や理解があるからだということを、忘れないでほしい」と強調した(14)。進学を許してくれた両親への感謝の気持を、いつまでも自分への励ましにしていたのである。

東京女子医学専門学校の受験

女医になるという大きな夢を実現するため、猿橋勝子はかねての念願どおり、東京女子医学専門学校(東京女子医専、現 東京女子医科大学)を目指すことにする。

東京女子医専は、そのとき既に創立四〇年の歴史を誇っていた。医学を志す女性にとっては日本一の名門だ。入学試験の競争率は六～七倍で、非常な難関である。

猿橋にとっては、四年の空白の後の受験準備は厳しかったが、好きな勉強ができるのだから、苦しいとは思わなかった。努力の甲斐あって、まず筆記試験に合格し、次に面接試験を受けることになる。そこで会ったのが、校長の吉岡彌生である。

吉岡彌生は、初の女性医師養成機関の創立者として、広く知られている。

一八七一年(明治四年)に、現在の静岡県で漢方医・鷲山養斎の娘として生まれた。一八歳で上京し、私立医学校の済生学舎(現 日本医科大学)に入学して、男子学生に伍して医学を学ぶ。当時の済生学舎は、入学試験がなかったので女子も入学できたのだった。

二一歳という若さで、内務省医術開業試験に合格し、日本で二七人目の女医となる。目が覚めるような秀才であった。二四歳のときに東京で開業する。

一九〇〇年(明治三三年)、済生学舎が女性の入学を拒否したことを知り、その年の一二月には早々と、日本初の女医養成機関として、東京女医学校を設立した。そのとき吉岡は、なんとわずか二九歳。

創立一二年目に東京女医学校は東京女子医学専門学校(医専)に昇格し、専門学校の仲間入りをした。創立から二〇年後の一九二〇年には、文部省指定学校となり、卒業生は無試験で医師資格が取れるようになった。こうして、医学を志す女子にとって日本一の名門校に成長したのである。

吉岡は、医学の面で優秀であったのみでなく、自分が創設した学校を次々と昇格させ、日本一の名門にまで育てあげる、そのための才覚や外交手腕も、並外れたものがあった。

こうした輝かしい経歴をもつ吉岡彌生は、鳩山春子(共立女子学園創立者)、津田梅子(津田塾大学創立者)、横井玉子(女子美術大学創立者)、戸板関子(戸板学園創立者)などと並んで、日本の女子高等教育の基盤づくりに活躍した教育家として高く評されている。

面接試験

吉岡彌生の活躍ぶりについては、猿橋勝子も以前から聞き知っていた。数少ない女性の先達として、尊敬し憧れていたのだ。猿橋が女子医専を受験した動機の一つは、吉岡の存在である。

その吉岡に、猿橋は東京女子医専の面接試験で初めて出会う。校長であった吉岡が、面接試験に臨んでいたのだ。

一九四一年の春。猿橋二一歳、吉岡七〇歳。

ほぼ五〇歳年長の吉岡は、猿橋にとっては雲の上の人のように思えた。

＊

このときのことを、猿橋は生涯忘れない。人にもしばしば話したし、また文章にも何回も書いている。

「面接試験は二つの部屋で行なわれた。私は当時校長であった吉岡彌生先生のいらっしゃる部屋に入る順番となった。吉岡先生にお会いするのは、はじめてであった。かねて尊敬する先生とお会いすることに、私はうれしくもあったが、面接試験ということに、多少の不安もあった。

先生の前の椅子に腰をおろした私に、先生は「どうしてこの学校を受験しましたか」

とおっしゃるので、私は「一生懸命勉強して、先生のような立派な女医になりたいと思います」とお答えした。すると先生は、天井の方を見上げながら、カラカラと笑われた。そして、「私のようになりたいですって。とんでもない。私のようになりたいといったって、そうたやすくなれるもんじゃありませんよ」とおっしゃったのである。私は、びっくりして、先生の顔を見つめていた。そして先生への尊敬の念がしだいに後退し、女子医専に入学することへの期待は、大きな失望に変わっていった」。

先にも述べたように、吉岡は、二一歳で医師の試験に合格して、二九歳で東京女医学校を設立し、その学校を日本一に育て上げてきた。その実績に裏打ちされる自負が、「誰も私のようにはなれない」という言葉になって出たのだろう。

しかし、まだ子供のような相手を前にして、その自負をそのまま口にしてしまうのは、ちょっと大人気《おとなげ》ない。

そして、理専へ

猿橋は続けて書く。

「先生の前に腰かけている間に、私は「こんな学校へはきたくない」「こんな学校へは入学するものか」という気持に発展していくのをおぼえた」。

＊

高等女学校の卒業から四年。一度は就職したものの、勉学への思い断ちがたく、必死に両親を説得して進学の許しを得た。子供の頃からの夢だった女医という仕事。そして、その頂点に立つ大先達・吉岡彌生。

猿橋は、どれほど吉岡に憧れていたことか。どれほど尊敬してきたことか。その人が今、自分の目の前で想像もしなかった別の顔を見せている。思い入れの深かった相手だからこそ、失望も大きかった。

猿橋は、この学校には絶対来るまい、と心に決めて面接試験の会場を後にした。その猿橋に、まるで運命のように、校門のところで一枚のビラが手渡される。

「それは、東京・大森に、帝国女子理学専門学校（理専）が、その年の四月に開校するという案内であった。東京女子医専の入試に失敗した落武者を拾い上げようというものであった」

その日、帰宅した猿橋は両親に事情を話し、医専には行かない、新設の帝国女子理専に行く、と宣言した。両親は反対したが、猿橋は頑として動じない。東京女子医専の入試結果発表にも、本人は行こうとしないので、父親が見に行って、合格を確かめてきた。

高い倍率のなかでせっかく合格した東京女子医専を捨てるのは惜しいと、両親は非常に残念がった。両方の学校を比べると、片や、日本一の名門・東京女子医専。そして片や、開校前で海の物とも山の物ともつかない帝国女子理専。客観的に見れば、勝負は歴然である。両親は、猿橋を説得して何とか翻意させようとしたが、猿橋の決意はかたかった。

＊

医専から理専へと方向転換したのは、面接試験での吉岡の言葉が原因であった。しかし猿橋は、自分の資質からいっても、この方がよかった、と考えるようになる。

「私はもともと数学や物理が好きであった。したがって、今から見ても、(このときの)私の選択はむしろ、より適切な選択であったように思われる」

甘えん坊だった女の子が、「勝気な勝子」に変貌していったのは、この頃からである。

異なる思想

吉岡との面談の一件で医専を蹴って理専に進んだ猿橋は、その後、思想的にも吉岡とは異なる道を歩むことになる。これは戦争に対する姿勢として顕著に現れた。

吉岡彌生は太平洋戦争中、愛国婦人会評議員や大日本青年団顧問などの要職に就き、多数の青年や女性たちの戦争協力を指導した。

一方の猿橋勝子は終生、反戦の姿勢を貫いた。

所詮、交ることのない二つの軌跡だったのである。

5 科学者として生きる

一九四一年四月、二一歳の猿橋勝子は、創立されたばかりの帝国女子理学専門学校(現 東邦大学理学部)に、一期生として入学した。大好きな数学や物理学を学ぶため、猿橋は物理学科を専攻する。

学校の設立が戦時中だったため、校舎もにわかづくりの木造で、実験設備も十分ではなかった。物理実験についていうと、力学に関する実験は木造校舎で行なうことができたが、電気関係の設備は貧弱だったので、東京都の電気研究所(有楽町)の設備を使わせてもらうことになる。

午前の講義を終えたあと、グループを組んで有楽町に通ったことを、猿橋は著書(12)で紹介しているが、その文章から若い女子学生たちの華やいだ雰囲気が窺《うかが》える。

「当時の(電気研究所の)所長と私の父(電気技師だった)が知り合いであり、多くの便宜を与えていただいたのは、大変ありがたいことであった」(12)というくだりには、猿橋の得意気な様子が表れており、微笑ましい。

生涯の師・三宅泰雄との出会い

実験設備の不備を補うために、二、三年生になるとほとんどの生徒は夏休みの間、大学や研究所の研究室に派遣されて、実習生として経験を積んだ。派遣先は、東京大学、京都大学、名古屋大学、九州大学、電気試験所(現在、筑波にある電子技術総合研究所の前身。一八九一年に当時の逓信省電務局に設立されたもの)などの研究室であった。

猿橋は子供の頃から「雨はどのようにして降るのか」というような問いに関心を抱いていたが、このことを知っていたクラス担任の堀一郎教授(物理学、後に大阪大学教授)が猿橋を三宅泰雄に紹介した。旧制静岡高校で、堀が三宅の後輩だったことが縁である。

三宅泰雄(一九〇八年〜一九九〇年)は、東京大学理学部化学科卒業後、北海道大学助手を経て、中央気象台研究部長をしていた。地球化学研究のパイオニアとして第一線で活躍する、少壮気鋭の学者だった。地球化学という分野は、そもそも三宅が新たに拓いたものである。

三宅研究室を訪れた猿橋勝子は、「実習生といっても、きっとビーカー洗いをさせられるのだろうな」と内心考えていた。しかし猿橋は、ビーカー洗いのような補助的な仕事を押し付けられることはないばかりか、むしろ一人前の研究者のような扱いを受けたのである。

そのときのことを猿橋はこのように書いている(14)。

「三宅先生を研究室に訪ねると、三年生になったばかりの私に「ポロニウムの物理化学的研究」をしてみませんかとおっしゃった。ポロニウムは、マリー・キュリーが発見し、マリーの祖国ポーランドにちなんで命名された天然の放射性元素である。一九〇三年にマリーはこの発見で夫ピエールとノーベル物理学賞を受賞(正式の受賞理由は「放射能の発見」、アンリ・ベクレルと三人で)。さらに一九一一年には金属ラジウムの分離で再度ノーベル化学賞を(単独)受賞した(この時の受賞理由は「ラジウムおよびポロニウムの発見と、ラジウムの性質とその化合物の研究」)。三宅先生は科学の勉強を志す女子学生を励ますためのテーマを考えられたのであろう。学術的に格の高いテーマを頂いた私は、感激・興奮しながら、帰りに神田で「放射能」に関する書籍を求めたことを思い出す。このことが後の研究に大変役立った。」(文献(14)からの引用文中で、( )内は著者による注)。

実験の手伝いではなく、一人の研究生として扱われた。小躍りするような足取りで神田に向かった猿橋の姿が目に浮かぶ。やがて猿橋が心の底から三宅に傾倒するようになる、その最初の出来事であった。

猿橋が二三歳、三宅が三四歳のときの出会いである。

三宅との出会いが、科学者としての猿橋の将来を決定した。猿橋は後日、「二つの偶然が私の人生を決めた」としみじみ述懐した。最初の偶然は吉岡彌生との出会いであり、二度目の偶然は三宅泰雄との出会いである。

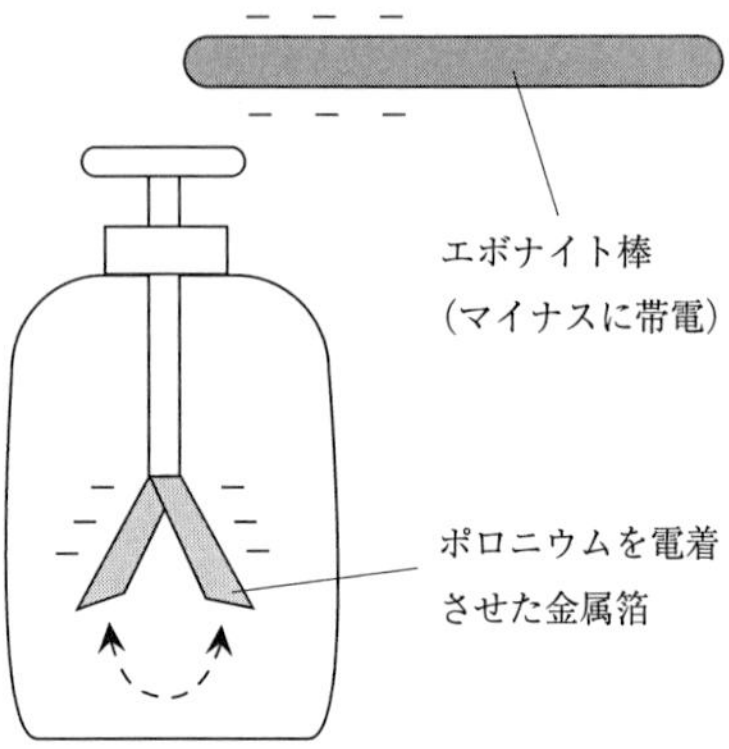

図9　金属箔検電器

卒論にポロニウムの研究

ラドン管と呼ぶアンプル中には、ラドンが壊変して生じたポロニウムに、鉛二一〇・ビスマス二一〇が混在している。ポロニウムの放射能を正確に測定するために、まず鉛やビスマスといった不純物を除く必要がある。その目的でラドン管の中のものを化学的に分離精製してポロニウムを取り出し、それを金属板に電着する。ラドン管は当時、弱い中性子源として用いられていた。

次に、ポロニウムの放射能の強さを、金属箔検電器で測定する(図9)。エボナイト棒を猫の皮でこすり、生成された静電気を検電器に与えて、二枚の金属箔を左右に離す。ポロニウムはアルファ線を出して静電気を中和するので、金属箔は閉じる。金属箔の落下速度をストップ・ウォッチで測って、放射能の強さを求める方法であった。

実験の様子を猿橋は次のように綴っている(12)。

「お天気が悪く、湿度が高く、ジメジメした日は、いくら猫の皮でこすっても、静電気がうまく生成せず、検電器は作動せず、大変に困った」

猿橋は生来の粘り強さで実験に取り組んだ。ポロニウムに関する文献もいろいろ調べて勉強し、実験結果を解析して、卒業論文を仕上げた。猿橋は後に、放射能汚染の研究をすることになるのだが、このときのポロニウムの研究が、大いに役に立つ。

日本の恐ろしい時代

猿橋が三宅の研究室に通って卒論の研究をしていた一九四三年は、太平洋戦争たけなわのころであった。

猿橋は次のように書いている(10)。

「女子理専といえども、軍人が配属され、学校の玄関を入ったところには数十挺の銃が交差して立てられていた。体操の時間の一部は軍事訓練で、本物の銃こそ持たなかったが、銃をかかえた格好で訓練が行なわれた。校庭で軍人から「進め」「伏せ」などと大声の号令をかけられ、体中どろまみれになった」。

＊

理専の三年になった猿橋らへの就職の求人は、軍関係からのものが多かった。若い男たちが戦地に出ていたため、特に理専の卒業生は、多方面から求められた。

就職に関して猿橋は、自伝草稿の中で次のように語っている(14)。

「同級生の多くが陸軍・海軍の研究所に就職した。――月給は、軍関係は九七円、中央気象台は五五円であった。高い収入も魅力だが、私は戦争に協力するのは嫌であった。また、それまでの三宅研究室での見習いの中で、先生の科学者としての言動に感銘を受けることが多く、卒業後もここで、もう少し勉強したいと考え、三宅先生にお願いして雇っていただくことになった」。

*

猿橋の就職が気象研究所に決まったことに対する、理専での反応を猿橋は次のように記す(10、14)。

「理専の教授の中には、軍国主義や超国家主義の愛国主義をふりまく人も少なくなかった。私が中央気象台に勤めることが決まったと知ったある老教授は、物理の時間に、「このクラスには、この非常時に中央気象台などという、軍に直接関係のないところに就職する非国民が居る」といわれた。私が最前列にいることを知っての話である。当時「非国民」という言葉は、人を罵る際の最悪・最低のものであった」

「老いも若きも、男も女も、大学の先生も学生も、日本中、軍国主義一色にぬりつぶされていたことを示す出来事であった」。

繰り上げ卒業

理専は、就学期間が三年と決まっていた。だから、一九四一年四月入学の猿橋らの学年は、本来なら一九四四年の三月に卒業するはずだった。しかし、国の方針で半年繰り上げて、四三年の九月卒業となった。この方針は、猿橋らが在学していた理専のみでなく、全国の専門学校に適用された。

一九四三年頃といえば、日本にとって戦局は益々厳しくなっていた。若い男性たちは、いわゆる赤紙(召集令状)で次から次へと戦地に駆り出され、国内に残るのは女性たちと若くない男性たちと学生・生徒たちのみになった。「いい若い者が、この非常時にのうのうと勉強なんかしている場合か。すぐにも勉強をやめて、国のために働け」というのが、繰り上げ卒業の趣旨である。男は、多少体が弱くても兵隊に取られ、女は勤労奉仕で武器などを作らされた。

戦時中の霧の研究

繰上げ卒業の翌日から、猿橋は中央気象台研究部(大手町)嘱託として働き出す。猿橋は二三歳だった。当時、嘱託というのは、技手と雇員の中間の地位で、猿橋は女子薬専卒の先輩と同じ待遇が与えられた。

三宅研究室でも、男性は次々と戦争に駆り出されていった。

「軍に直接関係のない」と理専の老教授が言った気象台にさえ、戦時研究の依頼がきた。猿橋は一九四四年の初夏から夏にかけて、「飛行場における霧の消散の研究」に参加する。

空軍の飛行機が離着陸する際の妨げになる霧を消散させることが目的で、北海道大学の故中谷宇吉郎教授の研究室、中央気象台、陸軍気象部等による一大共同観測が行なわれた。根室の大平原の濃霧の中で、霧の発生・消滅のメカニズムを探るための観測である。

その時のことを、猿橋は次のように述懐している。

「濃い海霧の発生する北海道・根室に一カ月あまり滞在したこともあった。北大の故・中谷宇吉郎教授のグループ等とともに、濃い霧の中でずぶぬれになりながらの野外観測にも参加した。男性の中にまじって、トラックに飛び乗り、飛び降りては、広い地域をつぎつぎと観測に走りまわった。宿舎に帰ると、観測結果の整理、解析、そして明日の観測計画とその準備におわれた」(10)

「百人以上の研究者が、大平原の中に急造されたバラックの建物の中で研究に従事していたが、女性は確か数人であった。私への三宅先生の厳しい訓練のはじまりであった」(14)

また信州では、真冬の二月に観測が行なわれた。

「寒い冬の野外観測はつらい。宿を出る時にもらったお弁当のおむすびは、リュックの中でカチカチに凍ってしまって、そのままでは食べることはできなかった」(12)

「信州の霧が峰の頂上に登って、徹夜で霧の観測をしたこともある。また寒い冬の二月、信州追分では、霧がかかると酷寒の深夜であっても、呼び起こされ、ねむい目をこすり

ながら、身支度もそこそこに、観測に飛び出した」(10)
「一ヵ所に立ち止まっての深夜の野外観測は、うっかりすると、足の指を凍傷にしそうである。みんな足踏みをしながら、寒さを防いでいた」(12)。

科学する喜び

つらい野外観測も、すべては科学する喜びにつながっていく。猿橋の次の文章には、科学への切々たる想いが表れている(10)。

「私は野外観測にしても、また、研究室内の仕事にしても、これらを勉強し、私なりに納得し、消化し、覚えてゆくことに全力を集中してはたらいた。それこそ、文字通り一心不乱の毎日であった。それは男性に負けまいとする、女性なるが故のがんばりではなかった。一生懸命に勉強すると、はじめは幾重ものベールの向こうにあった複雑な自然現象が、一枚ずつベールをはがし、からみあっていた自然の仕組みが、次第に解き明かされてくるからである。研究者としての、何ものにも替え難い大きな喜びが、ここにある」。

猿橋は、自分に足りない部分があると気づくと、それを克服するために、猛然と勉強した。理専の時に習った数学だけでは、理論的研究を進めていくには不十分な面があると悟ると、夜間の研数学館に通って数学をマスターした(研数学館は一八九七年にできた日本で一番古い予備校で二〇〇〇年まで続いたものである)。

毎日仕事の後に、東京・大手町にあった中央気象台から、神保町近くの研数学館へと、足早に向かう猿橋は、研究への一途な思いを抱いた二四歳であった。

敗戦前後の研究室

大手町の中央気象台は、一九四五年二月の空襲で半焼した。研究室は、長野県諏訪市の郊外に疎開。豊田小学校を研究や教育の場とし、寺の庫裏を宿舎にして、数十人が共同生活を始めた。三宅は、「戦争はやがて終わりますよ。疎開している間も勉強してエネルギーを蓄えておくように」と皆を励ました。

一行は、八月の敗戦の後も諏訪に滞在し、東京に帰ったのは翌年の三月であった。杉並区の陸軍気象部跡に研究室を再建することになり、猿橋もこれに協力する。

一九四七年、研究室は「気象研究所」と改称され、猿橋自身も嘱託から正規の研究官に昇格した。

猿橋、二七歳。

独立な研究者としての自覚もでき、研究を堅実に進めていくことになる。

先にも述べたように、猿橋の時代には女性に許された最高の学府は理専や医専などの専門学校だった。大学の門戸が女性に開かれたのは、戦後のことである。ということは、猿橋より数年若い女性たちは、問題なく大学に入学でき、「大卒」の学歴を当たり前のように持つことになる。

この「わずか数年の年齢差」が、猿橋を長い間苦しめた。「大卒」ではなく「理専卒」の学歴しか持っていないことに対して、（それは個人のせいではなく、時代のせいであったにもかかわらず）猿橋は屈折した気持を抱き続けた。時代が下って、何十年も経てしまうと、時代の背景に余儀なくされた「わずか数年の年齢差」の事情を理解する人も少なくなり、猿橋は余計に口惜しい思いをした。

図10 三宅泰雄はじめ気象研究所の皆と

だからその分、人の二倍も三倍も働いた。つらい野外観測にめげずに参加したのも、研数学館へ通って数学を勉強したのも、研究者としての自分を高めておきたいという希求からだった。

オゾン層の研究、大満足な結果

猿橋がこの頃から取り組み始めた研究の一つが、オゾン層の解析である。

今は、環境問題としてオゾン層の破壊が大きな社会問題になっている。オゾン層が破壊されると、紫外線が増え、皮膚がんの増加、温室効果による大気の温度上昇など地球的規模の異常気象や生態系への影響が心配される。

このオゾン層の解析を、猿橋は、今から六〇年前に行なった。その研究に関する説明を、猿橋自身の文章から要約して引用しよう(12)。

「大気中にはごくわずかのオゾンがある。その大部分は地上二〇〜三〇キロの高さに集まっている。しかし、このわずかのオゾン層の存在が、実は地球上における生物の生存に、重要な役割を果たしているのである。

太陽紫外線のうち、皮膚がんを起こすなど有害な効果を持つのは、短波長の(エネルギーの高い)紫外線である。この短波長の紫外線をカットし、生物の生存に適合した二八〇ミリミクロンより長波長の(エネルギーの低い)紫外線だけを地表に送る、そのためにフィルターの役目をしているのが、オゾン層なのだ」(引用文中、( )内は著者注)。

オゾン層の厚さは、季節や緯度によって変わる。猿橋らは、オゾン層の光化学反応を考慮に入れて、オゾン層の季節変化と地域的変化とを説明するための理論モデルを立て、解析を行なうことにした。

解析のためには、理論モデルの式に具体的な数値(季節や緯度に関係したもの)を代入し、オゾン層の厚さを計算する必要がある。そのような計算に使える手段は、当時は手動のタイガー計算機のみであった。これについて、猿橋は次のように書いている(12)。

「ガチャガチャと大きな音を立てての手回し計算は、大変な重労働であった。夕方になるとクタクタに疲れ果てた。夢にまでオゾンが出てきたが、しばらくの間、私はこの理論計算に没頭した」

この苦労は論文として実を結ぶ。そのことを猿橋は、自伝草稿(14)にも記している。

「「大気オゾン層の形成に関する光化学的理論」(一九四九)と「大気オゾンの年変化と子午線分布に関する理論」(一九五二)の計四つの和文(と)英文の大論文が出来上がったときはうれしかった」

著書(12)でも、これに関しては、特別に筆が弾む。「その時のうれしい感激は、今もって忘れられない。研究者として大きい満足感を初めて味わった」。

自ら「大論文」と呼び、「大きな満足感」と述べる。猿橋の自信のほどが、そのまま伝わってくる。

猿橋が、二九歳~三一歳のときの仕事である。

化学の勉強を再開

霧やオゾン層などについて、地球化学的な観測結果をもとにして、理論を考え、解析を進めているうちに、猿橋は化学の勉強を基本からやり直したいと考えるようになる。第四章でも触れたように、猿橋にとっては化学という学科は、化学式などの暗記が多いように思えて、高女時代から馴染めなかった。理専でも、数学や物理には力をいれたが、化学は駆け足で通ったただけだった。

化学を勉強しなおしたい、と猿橋は三宅に相談する。その時のことを、猿橋はつぎのように書いている(12)。

「三宅先生は私の考えを快くご承諾下さった。まず化学分析の基礎から見直すようにご指導いただいた」

猿橋は三宅から、定性分析に関する三宅自身の著書や、定量分析に関する洋書などを何冊か借りて勉強する。自分に不十分な面があれば、それを徹底的に克服する、という猿橋のがんばりが、ここでもフルに発揮された。

三宅は、猿橋たちの実験室をときどき見て回った。攪拌棒《かくはん》の置き方、濾紙《ろし》のたたみ方、濾《ろ》過《か》の仕方ひとつ見ても、その人の分析の腕前がわかる、と言って厳しく指導した。

猿橋はその後、岩石の分析、水の分析などを中心とする地球化学の研究に深く関わるようになる。微量分析も手がけることになり、定性分析、定量分析を復習したことは、大きな原動力になった。

炭酸物質の研究

「海洋における炭酸物質の問題を研究してみませんか」と三宅がもちかけたのは、その頃である。猿橋はちょうど、オゾン層に関する研究を論文にまとめたり、化学分析の勉強を再開したりしていた。

一九五〇年の初めのことで、猿橋は、春には三〇歳を迎えるという若さだった。

炭酸物質に着目したのは、海水の化学的性質を知るためである。まず海水や天然水に溶けている「全炭酸」の量を測定する必要があるが、当時は大掛かりな装置しかなかった。しかもいずれの装置も、水中の全炭酸量を直接測定せず、アルカリ度などを測って推定するものので、正確な値は得られなかった。

そこで猿橋は、コラムの図13のような「微量拡散分析装置」を、自ら開発した(14)(詳細は、説明コラム参照)。これについて、三宅は次のように書いている(16)。

「アルカリ度の測定以外に水中の全炭酸を簡単に測る方法があるかどうか。もし、そのような方法があれば、あいまいなアルカリ度などによって炭酸物質の推定をする必要はない。私の研究室の猿橋勝子氏はコンウェイの微量拡散分析法を、水中の全炭酸の定量に用い得ることに着目した」

「この方法で、水中の全炭酸を測定することは、非常に容易であり、かつ、非常に迅速に定量を行なうことができる。というのは、ユニットの数を増せば、処理する試水の数をいくらでも増すことができるからである。猿橋氏は一昼夜に実に二四〇個の試水中の全炭酸を測定している。これは、従来の方法では、想像もできないことである」

科学論文中の記述とは思えないほどの、手放しの絶賛ぶりだ。

微量拡散分析装置に関する猿橋の論文(15)の刊行が決まったのは一九五二年の八月、猿橋三二歳の夏である。三宅から海水中の炭酸物質の研究をもちかけられてから、わずか二年で、猿橋は世界最強の微量分析装置を開発したのである。

「微量分析の達人」はこうして生まれた。二年後の一九五四年にはビキニの「白い灰」の分析に、この微量拡散分析装置が大活躍した。この際の経緯は先に述べたとおりである。

サルハシの表

猿橋はさらに、水中の炭酸物質の行動を調べるために、各種炭酸の存在比を求めることにする。

二酸化炭素は水に溶けると、遊離炭酸(H_2CO_3)、炭酸水素イオン(HCO_3^-)、炭酸イオン(CO_3^{2-})の平衡混合物として存在する。この三つの炭酸物質の存在比は、(i)塩素(Cl)量、(ii)水温、(iii)pH(水素イオン指数)の値によって変わってくる。猿橋はまず、

(1) F=遊離炭酸の存在比

(2) B=炭酸水素イオンの存在比

(3) C=炭酸イオンの存在比

が、化学的な量(解離平衡定数や活動係数)を介して、塩素量・水温・pHを含む式として表され

ることを示した。さらに猿橋は、この式の具体的な形を理論的に求めた。然る後、この式を使って、おのおのの塩素量・水温・pHに対する炭酸物質の存在比F、B、Cを、数値的に計算して表にしたのである。

この表を発表したときの論文(17)は、全体が一五ページで、そのうち一二ページのそれぞれに表2のような表が掲載されており、圧巻である。

一二の表のうち、五つは淡水に関するもので、七つは海水に関するものである。淡水に関するものは、温度が〇℃から三〇℃の間で、二℃ごとの結果が記されている。pH値に対しては、〇・〇から一〇・四までが〇・一刻みで取り上げられている。一方、海水に関するものは、塩素量一五‰から二一‰までの間を一‰刻みにとって、表を作った。

地球化学者・猿橋勝子の面目躍如たる仕事である。この表に関する論文が発表されたのは、一九五五年。猿橋が三五歳のときだった。

この表は、「サルハシの表」として、国際的な評価を得るようになる。コンピュータが普及するまでの二〇〜三〇年の間、この表は世界中の海洋学者に重宝された。

炭酸物質研究の大先達である、フィンランドのブック教授は、一九六〇年に国際学会で猿橋の研究を紹介した。またイギリスのライリー教授は、著書『化学海洋学』(英文)のなかで、約二〇頁にわたって猿橋の研究を紹介した(14)。

「サルハシの表」で東京大学から理学博士

猿橋は、淡水中や海水中の炭酸物質に関する一連の研究で、日本語論文五編、英語論文五編を発表した。

この一連の研究を、猿橋は「天然水中の炭酸物質の挙動」と題する学位論文にまとめ、一九五七年、東京大学から理学博士の学位を授与された。東京大学理学部化学科からの理学博士としては、女性第一号である。

猿橋、三七歳のときのことである。

さらに広範なテーマへ、海洋の動的研究の新分野を拓く

一つの研究に大成功すると、急に視野が開け、今まで見えなかったものが鮮明に見えてきたりする。猿橋はこの頃から、研究室のゼミで、どの話題に対しても鋭い質問をするようになった。研究テーマも、実にさまざまなものに取り組んだ。猿橋は、文献(12)に、次のような自信あふれる文を書いている。

「炭酸物質の研究に加えて、第五福竜丸の死の灰被災事件を機に、私は死の灰の地球化学的研究にもたずさわることになった。核兵器爆発によって大気中に放出された死の灰が、大気、海洋の中をどのように行動するかを追跡する仕事である。アメリカのネバダ

で核爆発すると、その影響は、日本に約三週間で達し、また中国の核爆発の影響は二、三日で日本に到達することが明らかになったのは、私たちの研究室の成果の一つである」

「海洋上に落ちた死の灰が、表面から深海に拡散していく速さが予想以上に速く、わずかの五、六年で六千メートルの深海に到達することも、私たちの研究からわかった」

胸を張って「私たちの研究」と言い切る。何も恐いものはない、と猿橋は思った。

図 11　分析競争の前年(1961 年)に第 4 回原水禁世界大会で放射能被害について報告・警鐘を鳴らした猿橋勝子，広島にて

人工放射性物質として猿橋らが研究の対象にしていたのは、ストロンチウム九〇(Sr-90)とセシウム一三七(Cs-137)である。これらの核種の測定結果から、猿橋らは「海流の解析」も行なった。さらに、ストロンチウム九〇やセシウム一三七の、海洋深層への「鉛直拡散」の様子も調べることができた。

「(水平方向への)海流」と「鉛直拡散」とを明らかにするという、猿橋らの一連の研究は、「これらの放射性核種をトレーサー(標識)として海洋の動的研究に使う」という新分野を拓いたことになる。この点についても、世界的に高く評価された。

太平洋の海面から深層への、これらの核種の移行速度に関する猿橋らの研究成果は、現在も海洋循環モデルの検証において貴重なデータとして役に立っている。

また、海水および雨水中のストロンチウム九〇とセシウム一三七について、長年にわたって積み重ねられた猿橋らのデータは引き継がれ、国際的にも重要な資料として広く引用されている。

猿橋はさらに、大気中の放射性降下物の研究に基づいて、核実験による大気汚染の深刻さについて警鐘を鳴らしている。

渡米とその後の研究

第二章で述べたように三宅-猿橋グループは、セシウム一三七の量に関して、日本近海での測定値とアメリカ西海岸での測定値との違いを、海流の解析から説明した。これに対して、アメリカの研究者たちは、日本側の分析の不備が違いの原因だと主張した。

この問題に決着をつけるために、猿橋は単身アメリカに乗り込むことになる。

猿橋、四二歳。

「私たちの研究」に自信を持ち、「何も恐いものはない」状態だったから、どのような相手でも倒せる勢いであった。第三章「道場破り・現代版」に、そのときの顚末を紹介した。

日米の分析競争に勝利した猿橋は、自分の可能性に対する大きな確信を背景に、帰国後も守備範囲をさらに広げていった。

「その後、私の興味は炭酸ガスの大気・海洋間の交換の問題、大気と海洋における化学物質の挙動、さらに放射性廃棄物の海洋投棄等々に拡大した」(12)と自分でも綴っている。

猿橋は、これらのテーマのそれぞれにおいて見るべき成果を収めているが、なかでも炭酸ガスの大気・海洋間の交換に関する研究では、特筆すべき結果を得ている。これについては、次に触れることにしよう。

図12　研究に打ち込む猿橋勝子

二酸化炭素の大気・海洋間の交換

猿橋は、五〇歳前後で、大気・海洋間の二酸化炭素交換の研究に取り組んだ。太平洋全域について、大気および表面海水中の二酸化炭素を測定し、それに基づいて大気と表面海水との間の二酸化炭素の交換量を計算して、海洋が必ずしも二酸化炭素の吸収系になっていないことを示した(18)。

二酸化炭素(CO_2)は赤外線の波長帯域の、二・五〜三μmおよび四〜五μmに強い吸収帯を持ったため、地上からの熱が宇宙へと拡散することを妨げる、いわゆる温室効果ガスとして働く。二酸化炭素の温室効果は、同じ体積あたりではメタンやフロンに比べて小さいが、排出量が莫大であるために、地球温暖化の最大の原因とされる。

現在の大気中にはおよそ三七〇ppm(〇・〇三七%)ほどの濃度で含まれるが、氷床コアなどの分析から産業革命以前は、およそ二八〇ppm(〇・〇二八%)であったと推定される。

二酸化炭素は、生物の呼吸、有機化合物の酸化分解、火山活動などによって「生成」され、光合成や海水面への溶け込みによって「消滅」する。

「生成」される二酸化炭素量は、化石燃料の大量消費によって加速度的な増加を続けている。一方「消滅」のほうでは、二酸化炭素の海水面への溶け込みの速度は、意外と小さいことが、猿橋らの研究によって明らかになった。すなわち、海洋が大気中の二酸化炭素の受け皿になるという従来の楽観的見通しは、否定されたわけである。

そもそも、大気中で過剰になった二酸化炭素を海洋に逃せばすむものでもない。海水中の二酸化炭素増加が(海中の)生態系に影響を与える「海洋酸性化」の懸念が生ずるからである。

一九九七年の京都議定書によって、二酸化炭素を含めた温室効果ガス排出量の各国の削減目標が示され、削減への努力を締結した。猿橋らの研究は、京都議定書に二十数年先立つものである。

◆コラム　微量拡散分析法

図13(a)に、測定器具の断面図が示されている。直径約六㎝のシャーレ(高さ一㎝)の中に、直径約三・五㎝のシャーレ(高さ〇・五㎝)を同心円上に置き、全体をすり合わせのよいガラス蓋で覆うようにしたものである。実際には、シャーレを重ねるのではなく、図のような厚いガラス製のユニットとして作成されている。

内室に吸収剤を入れ、外室に試料を入れて、外室に酸を加え手早く蓋をして、一定時間放置する。酸によって追い出された揮発性成分は吸収剤に捕集されるので、これを測定するという手法である。

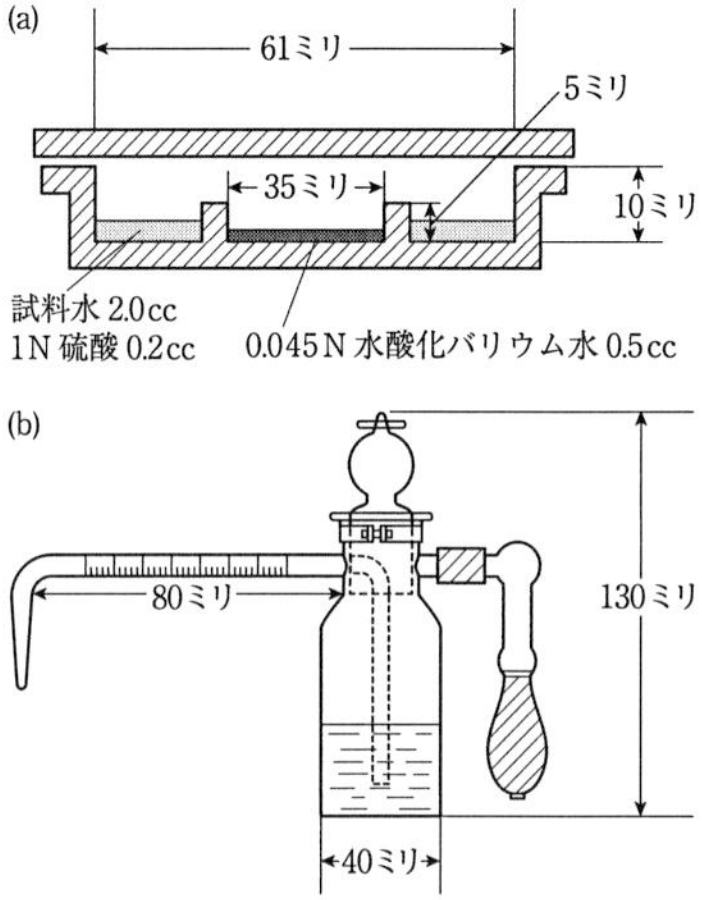

図13　1950年にコンウェイが案出したもの(断面図).生体中の有機窒素の分析に使用.猿橋はそれを参考に装置を開発.

この微量拡散分析法は、E・J・コンウェイが考案したもので、主として生体中の有機窒素などの分析に用いられていた。

猿橋勝子は、微量拡散分析法を初めて、水中の全炭酸の定量に用いて、良い結果を得た。

海水中の全炭酸を測定するためには、二酸化炭素の吸収剤として〇・〇四五Nの水酸化バリウム水〇・五ccを内室に入れ、外室には試料水二・〇ccと一Nの硫酸〇・二一ccを入れて、密閉後五〇分間放置する。(ここで、Nは「規定度」、あるいは「当量濃度」ともよばれるもので、溶液の濃度を示す単位の一つである。溶液一ℓ中に溶質の一グラム当量を含む溶液の濃度を「一規定＝一N」と定める)。

海水中の炭酸物質は炭酸ガスとなって追い出され、水酸化バリウム水に吸収されるから、これを〇・〇八五Nの塩酸で滴定して、全炭酸の量を求めた。

測定用ビューレット(液体または気体の体積を測定するガラス器具)としては、図13(b)のような、最小目盛〇・〇〇一ccの水平ビューレットが用いられた。

◆コラム「サルハシの表」について

サルハシの表は、遊離炭酸・炭酸水素イオン・炭酸イオンのモル百分率を予め計算し、表にしたものである。計算は、測定された全炭酸量を使い、解離平衡定数やイオンの活動度係数を与えて行なう。これらの定数や係数は、水温や塩素量やpHによって異なるので、計算機のない時代にはかなり煩雑な作業であった。

任意の試水について、塩素量・水温・pHが既知ならば、この表を使って、遊離炭酸・炭酸水素イオン・炭酸イオンの各濃度を知ることができる。ほとんどの天然水(淡水、沿岸から外洋までの海水)に適用できる便利なものである。

表2にその表の一部が示されている(次ページ)。表では、塩素量が一五‰(パーミル、千分率)の場合のF、B、Cの値が求められている。温度は〇℃から三〇℃の間で、二℃ごとの計算結果が記されている。pH値に対しては、七・四から八・四までが〇・一間隔で取り上げられている。いずれの場合も、F＋B＋C＝一〇〇であることに注意しよう。

表2　サルハシの表の一部(海水中の結果. 15‰)

	0℃			2℃			4℃			6℃		
pH	F	B	C	F	B	C	F	B	C	F	B	C
7.4	6.4	92.7	0.9	6.0	93.0	1.0	5.7	93.2	1.1	5.5	93.3	1.2
7.5	5.2	93.6	1.2	4.9	93.9	1.3	4.6	94.0	1.4	4.4	94.1	1.5
7.6	4.1	94.3	1.6	3.8	94.4	1.8	3.7	94.5	1.8	3.5	94.5	2.0
7.7	3.3	94.7	2.0	3.1	94.7	2.2	3.0	94.7	2.3	2.8	94.7	2.5
7.8	2.7	94.8	2.5	2.5	94.8	2.7	2.3	94.8	2.9	2.3	94.6	3.1
7.9	2.1	94.7	3.2	2.0	94.5	3.5	1.9	94.4	3.7	1.8	94.3	3.9
8.0	1.7	94.3	4.0	1.5	94.2	4.3	1.4	94.0	4.6	1.4	93.7	4.9
8.1	1.2	93.7	5.1	1.3	93.3	5.4	1.2	93.1	5.7	1.1	92.9	6.0
8.2	1.0	92.7	6.3	0.9	92.4	6.7	0.8	92.0	7.2	0.8	91.5	7.7
8.3	0.8	91.4	7.8	0.8	90.9	8.3	0.7	90.5	8.8	0.7	90.0	9.3
8.4	0.6	89.7	9.7	0.5	89.2	10.3	0.5	88.6	10.9	0.5	87.8	11.7

	8℃			10℃			12℃			14℃		
7.4	5.2	93.5	1.3	5.0	93.6	1.4	4.9	93.7	1.4	4.7	93.8	1.5
7.5	4.2	94.2	1.6	4.0	94.3	1.7	3.9	94.3	1.8	3.7	94.4	1.9
7.6	3.4	94.5	2.1	3.2	94.6	2.2	3.1	94.5	2.4	3.0	94.6	2.4
7.7	2.7	94.7	2.6	2.6	94.6	2.8	2.5	94.6	2.9	2.4	94.5	3.1
7.8	2.1	94.6	3.3	2.0	94.4	3.6	1.9	94.3	3.8	1.9	94.2	3.9
7.9	1.7	94.2	4.1	1.6	94.0	4.4	1.5	93.8	4.7	1.5	93.7	4.8
8.0	1.3	93.5	5.2	1.2	93.2	5.6	1.2	92.9	5.9	1.2	92.7	6.1
8.1	1.0	92.6	6.4	1.0	92.2	6.8	1.0	91.8	7.2	0.9	91.4	7.7
8.2	0.8	91.1	8.1	0.8	90.6	8.6	0.7	90.3	9.0	0.7	89.9	9.4
8.3	0.6	89.5	9.9	0.6	89.0	10.4	0.5	88.3	11.2	0.5	88.0	11.5
8.4	0.5	87.2	12.3	0.4	86.5	13.1	0.4	86.0	13.6	0.4	85.5	14.1

	16℃			18℃			20℃			22℃		
7.4	4.5	93.9	1.6	4.4	93.9	1.7	4.3	94.0	1.7	4.1	94.1	1.8
7.5	3.6	94.4	2.0	3.5	94.4	2.1	3.4	94.4	2.2	3.3	94.4	2.3
7.6	2.9	94.5	2.6	2.8	94.5	2.7	2.6	94.5	2.9	2.5	94.5	3.0
7.7	2.3	94.4	3.3	2.2	94.4	3.4	2.2	94.3	3.5	2.0	94.4	3.6
7.8	1.8	94.1	4.1	1.7	94.0	4.3	1.7	93.8	4.5	1.6	93.8	4.6
7.9	1.5	93.5	5.0	1.4	93.2	5.4	1.3	93.1	5.6	1.3	92.9	5.8
8.0	1.1	92.5	6.4	1.1	92.2	6.7	1.0	92.0	7.0	1.0	91.8	7.2
8.1	0.8	91.2	8.0	0.8	90.9	8.3	0.8	90.5	8.7	0.8	90.3	8.9
8.2	0.6	89.7	9.7	0.7	89.1	10.2	0.7	88.7	10.6	0.6	88.4	11.0
8.3	0.5	87.6	11.9	0.5	87.2	12.3	0.5	86.8	12.7	0.5	86.0	13.5
8.4	0.4	84.9	14.7	0.4	84.2	15.4	0.4	83.7	15.9	0.3	83.1	16.6

	24℃			26℃			28℃			30℃		
7.4	4.0	94.1	1.9	3.9	94.1	2.0	3.8	94.1	2.1	3.7	94.1	2.2
7.5	3.2	94.3	2.5	3.1	94.3	2.6	3.1	94.2	2.7	3.0	94.3	2.7
7.6	2.5	94.4	3.1	2.5	94.3	3.2	2.4	94.2	3.4	2.3	94.2	3.5
7.7	2.0	94.2	3.8	1.8	94.1	4.1	1.8	94.0	4.2	1.8	93.9	4.3
7.8	1.5	93.6	4.9	1.4	93.5	5.1	1.5	93.2	5.3	1.4	93.1	5.5
7.9	1.3	92.7	6.0	1.2	92.6	6.2	1.2	92.4	6.4	1.1	92.3	6.6
8.0	1.0	91.5	7.5	0.9	91.3	7.8	0.9	90.9	8.2	0.9	90.7	8.4
8.1	0.7	90.1	9.2	0.7	89.6	9.7	0.7	89.3	10.0	0.7	88.9	10.4
8.2	0.6	87.9	11.5	0.6	87.4	12.0	0.6	87.1	12.3	0.6	86.7	12.7
8.3	0.5	85.8	13.7	0.5	85.5	14.0	0.5	85.3	14.2	0.5	85.2	14.3
8.4	0.3	82.6	17.1	0.3	82.0	17.7	0.3	81.4	18.3	0.4	80.8	18.8

6 女性科学者としての仕事

猿橋勝子の生き方が卓越しているのは、これまでの章で紹介してきたように科学者として世界的な仕事をいくつも発表したのみでなく、女性科学者の地位向上や世界平和に関しても行動し続けたことである。この章では、猿橋のそのような活動の一端を紹介する。

平塚らいてう、最後の仕事

平塚らいてう(一八八六年〜一九七一年)は、社会運動家で評論家であった。日本で初めての婦人雑誌「青鞜」を創刊し(一九一一年九月)、「元始、女性は太陽であった」という論説を掲載して、「新しい女」の出現を主張。恋愛と結婚の自由を説き、女性解放への道を開いた。新婦人協会を結成し、女性参政権運動を展開。第二次大戦後も諸種の女性運動に活躍した人である。

＊

一九五四年の、第五福竜丸のビキニ水爆被災事件の後、「原水爆の三度《みたび》の被爆国」となった日本の市民の間から、原水爆禁止を訴える声があがっていた(第一章のコラム参照)。
ちょうどそのころ平塚は、国際民主婦人連盟(国際民婦連：Women's International Democratic Federation, WIDF)の副会長を務めていたのだが、連盟の世界総会に日本から女性科学者を送り、原水爆の恐るべき実態を世界の女性に知らせて、世界平和に貢献したいと考えた。平塚は当時、病身で臥せることも多かったので、この仕事を人生最後の大仕事にするつもりだった。

そのためには、国内でまだごく少数であった女性科学者の団体を作り、その団体の代表という形で国際会議に派遣するのが、国際的にも理解され、容認されやすい方式だと、平塚は考える。一九五八年六月にウィーンで開催される国際民婦連主催の第四回世界大会に、代表を送るための作業を平塚は始めた。

まず、その代表にふさわしい人物について、平塚は専門家に諮問《しもん》する。その結果、候補の一人として気象研究所の猿橋勝子の名があがった。猿橋が、原水爆実験に起因する放射性降下物の研究に携わっており、その業績が外国の専門家の間でも高く評価されていることを、平塚は調査報告書で知る。

猿橋と平塚の出会い

平塚に最初に会った時のことを、猿橋はこう書いている(19)。

「らいてう先生に初めてお会いしたのは、一九五八年二月初めごろであったと思います。先生からのお呼び出しで、私は東京・成城のお宅をお訪ねしました。すでに七〇歳を越えていらした先生の髪は銀色に輝き、なにげない動作のうちにも品の良さと人間的あたたかさを感じました。用件はその年の六月、ウィーンで開かれる国際民婦連主催の第四回世界大会に代表の一人として出席してほしいということでした。先生は大会の重要課題である「平和問題」、とくに「核兵器問題」に関し、科学者の立場から核兵器の恐ろしさ、その悪魔性、非人道的な残虐性を、世界の婦人に伝える大事な機会と考えられていました」。

平塚のほうは雑誌の記事(20)でつぎのように述べている。

「気象研究所に勤めて、三宅(泰雄)博士のもとで放射能を研究していられる理学博士だときかされて、もっと年をとった堅苦しいような方を想像していましたところ、お会いしてみると、いかにもまだ女学生みたいな感じの清楚な、美しいお嬢さんだったのは意外でした。——

私の話を注意ぶかく聞かれたうえで、たいへん謙虚な態度で引き受けてくださいました」。

日本婦人科学者の会発足

一九五八年四月二六日、「日本婦人科学者の会」の創立総会が、学士会本館で行なわれた。会の設立とウィーンへの代表派遣のために、平塚はじめ何人もの人間が基金集めに奔走した。猿橋自身も、核廃絶に向けて声を上げるために女性科学者の会を作りたいと考えていたところだったので、この会の設立に尽力した。日本化学会、日本物理学会、日本分析化学会、日本海洋学会などに出かけて支援を頼むなど、猿橋はあらゆる手を尽くした。こうした皆の地道な努力で、寄付者は全部で二〇〇名にのぼった。

平塚はまた、「世界平和アピール七人委員会」の初代委員の一人であったので、「日本婦人科学者の会」設立に対してこの委員会からの支持を取りつけた。「七人委員会」は、政治的な党派に無関係な立場で世界に平和を訴える会として、平凡社社長(当時)・下中《しもなか》弥三郎の提唱で、一九五五年一一月一一日に結成されたものである。結成時の委員には下中と平塚の他に、植村《うえむら》環《たまき》、茅《かや》誠司《せいじ》、上代《じょうだい》たの、前田《まえだ》多門《たもん》、湯川《ゆかわ》秀樹《ひでき》がいた。

猿橋は、会の規約案の作成、総会開催の案内状の執筆と送付など、三宅の指導を受けながら会設立のための準備作業を進めた。

「日本婦人科学者の会」は、「婦人科学者相互の友好を深め、各研究分野の知識の交換をはかるとともに、世界の平和に貢献する」ことを、目的に掲げることになった。

思いがけぬ妨害

「日本婦人科学者の会」の創立総会で、会の代表として猿橋を国際民婦連の総会に派遣することが決められた。

しかし、全く思いがけないトラブルが発生した。婦人団体連合会の中から、同準備会の中から、そして猿橋の勤務先・気象研究所の労働組合の中からも、強い反対が巻き起こったのである。

そのころの日本の放射線汚染源は、大部分がソ連の水爆実験によるものであると、猿橋は毅然と主張していた。この事実が、これら一派からの猿橋への糾弾《きゅうだん》を招いた。労組や婦団連を支える団体が、当時は親ソ連路線を取っていた。西から来た放射能汚染の源は、アメリカがソ連を中傷するために、日本海上で「死の灰」を撒き散らしたものだ、と宣伝し、それを労組や婦団連の一派はほんとうに信じていた。

猿橋に対しては、あからさまないやがらせが繰り返された。この一派の同調者は、平塚の周辺にも少なくなかった。そのときの様子は、平塚の文にも残っている(20)。

「ところが困ったことに、準備会のなかから、また気象研究所のなかからも――ことに労組の人たちの間から強い反対がしつこく出てきました。どれも正しい反対理由とはわたくしには受け取れませんでしたから、すべての雑音を聞き流して、目的に向かって強行しましたけれど、そのあいだに猿橋さんとしては、ずいぶん不愉快なことがおおかったろうとお気の毒に思っています。

しかしあのときの猿橋さんの態度をわたくしはたいへん偉いと思います。あのやさしいお嬢さんのどこにあんな強いものがひそんでいるのか、と思うくらいに動揺もみせず、講演のための準備を着々なさいました。

大会での猿橋さんの活躍は大成功で、その英語の演説はすばらしい出来ばえであったということです」。

大成功だった講演

平塚の文中で「すばらしい出来ばえ」と言及された講演で、猿橋は「核実験の人体に対する影響」というタイトルのもと、原水爆実験による放射能汚染について話した(10)。「核兵器とそれのもたらす災害について、最もよく知るのは科学者であり、科学者はひとしくそれを全人類に伝える義務を持つ」と結んだ。

「講演を終わって席にもどると、各国の代表から強い激励と感謝の言葉が贈られた。もっと詳しく聞きたい、という希望や、熱心な講演依頼もあった。欧米の人たちは核実験の被害については、日本人ほど知らされていない。――核実験のため、現在人類がいかに危険におびやかされているかを、伝えなければならない」

学位取得の翌年。猿橋、三八歳の夏であった。

日本学術会議のなかに小委員会

国連は一九七五年を「国際婦人年」とし、それに続く一九七六年〜八五年までの一〇年を「国連婦人の一〇年」と決めた。世界的に女性の地位向上をはかるべしという国連のこの呼びかけに応えて、日本でもいくつかの取り組みが進められた。それに関連して猿橋は次のように書いている(19)。

「日本学術会議でもその提唱を受けて、一九七五年四月に「科学者の地位委員会」の下部機構として「婦人の研究者問題小委員会」を設け、二、三の婦人科学者の意見を求めた。

一方、日本婦人科学者の会は一九七五年六月二一日に「国際婦人年にあたって」との声明を出した。声明の主な内容は、女性の科学技術教育の推進と専門職への奨励、男性と同等の地位の保障、これらを実現するための法改正の必要等であった」。

＊

これらの動きを実際の結果に結びつける目的で、猿橋は三宅の助言を得て、日本学術会議の中での右記の小委員会を実質的な小委員会に拡充し、そこに女性研究者の参加を求めることにした。このとき猿橋自身は日本学術会議の会員ではなかったが、関係者に交渉して、日本学術会議会員六名、女性委員一〇名で構成される小委員会を作ることが認められた。日本学術会議からは、政府への勧告原案を作成するように、とこの小委員会に提案された。委員たちは議論を重ねて原案を出したが、結局うやむやな扱いを受けることになった。女性科学者の問題を取り上げることを、頑《かたく》なに拒み続ける男性会員が多くいたのである。

日本学術会議会員に立候補

こういう背景のなかで、猿橋は三宅の勧めもあり、日本学術会議第一二期（一九八一年〜八四年）会員選挙に出馬することを決める。「学者の国会」と呼ばれている日本学術会議は、第二次世界大戦前の学界における保守性、封建性を打破するために、一九四九年一月に従来の日本学士院等に代わって設立されたものである。会員選挙は三年ごとに行なわれ、有権者登録をしてある二二万人の郵便投票によって会員が選出される形になっていた。設立からの三〇年あまりの間、女性が立候補したことは一度もなかった。

過去の統計から、当選するには六〇〇票が必要と考えられていた。総有権者に占める女性の割合は三％程度にすぎない。猿橋が所属する第四部（理学）についていえば、有権者数一六五〇〇名のうち女性は四〇〇名程度で、その全員が猿橋に投票してくれたとしても及ばない。

日本学術会議で決められた選挙運動としては、決められた枚数のはがきを郵送することしか許されていない。はがきの枚数は各部の有権者の二〇％で、四部に立候補した猿橋は検印入りの三三〇〇枚のはがきを有権者に直接送ることになった。

当時まだ知名度の低かった猿橋を助けるため、三宅は三三〇〇枚のはがき全部に、支持を依頼する添え書きと署名をした。老眼の進んだ七二歳の三宅は、拡大鏡を左手に一枚一枚宛名を確認しながら、それぞれに心をこめて添え書きをした。三日三晩を費やす作業だった。

第六位当選、女性初の日本学術会議会員に

猿橋は一〇二五票で、第六位当選を果たした。初の女性会員である。

その間の事情は、次の文に記されている(14)。

「日本学術会議女性第一号の誕生

一九八〇年十一月、私は日本学術会議会員(第四部、理学)に当選した。日本学術会議創立三十四年目にして、定員二百十名中にはじめて一人の女性が会員となった。会員の立候補を勧めて下さったのは三宅先生であった。女性研究者の立候補もはじめてであった。「惨敗かな?」「辛勝かな?」と、ときに冗談をおっしゃって、私の緊張をときほぐすような心配りをして下さった。当時は現行制度とは異なり、有権者が投票する制度であった。同年十一月三十日には選挙結果が発表となり、翌日には、多くの新聞社が社会面のトップ記事とした。大変珍しいものであった。第四部会員三十名中第六位で当選した。任期は一九八一年一月から、この時は一九八五年七月までの四年半となった。私の

図 14　日本学術会議第 12 期(第 4 部，理学)のメンバーと(1981 年，北海道大学にて)．前列向って左から二人目・伏見康治(会長)，三人目・久保亮五(第 4 部長)，右端・古在由秀．後列左から二人目・猿橋勝子．

当選によって日本学術会議の「科学者の地位委員会」の中に「女性研究者の地位分科会」(予算定員七名)が設置された。男性会員のご協力を得て、女性研究者問題についての解明が一歩前進した。政府へ「女性研究者の地位の改善について」の要望をまとめ提出することができた。回答はいまだにない。日本学術会議の四年半の任期の間、私は大変多くのこと、とくに学際的な問題について学ぶことができた。常に三宅先生のご指導を頂きながら、会員としての任務が遂行できたことを感謝している」。

日本学術会議会員の選出法はその後、諸学会からの推薦制度に変わった。女性会員についていえば、猿橋の当選が突破口となり、その後は毎期、女性会員が複数選ばれるようになった。しかし、猿橋の当選以来三〇年近くが経った今も、会員総数における女性の割合はまだまだ低いのが現状である。

＊

「猿橋賞」創設

気象研究所で、研究官から、主任研究官、研究室長、研究部長と進んだ猿橋は、一九八〇年四月一日、定年退官する。翌五月に開かれた退官記念パーティには二五〇名余りの参加者が集まり、先輩、同僚、友人らから寄せられた祝い金は五〇〇万円になった。

このお金を当初の基金として、一〇月一六日「女性科学者に明るい未来をの会」を創立。学士会館分館で創立総会を開催した。初代会長に、理専（現 東邦大学理学部）時代の恩師・湯浅明、副会長に幾瀬マサ（日本婦人科学者の会会長）、理事一五名、顧問一七名を承認した。

この会の事業として、自然科学の分野で優れた研究業績を挙げた五〇歳未満の女性科学者（毎年一名）を顕彰する賞の授与が決められた。賞は三宅泰雄によって「猿橋賞」と命名される。本賞は賞状で、副賞として三〇万円が贈呈される。受賞者の年齢を五〇歳未満としたのは、受賞時から定年までの一〇年～一五年の間に、高い理念と専門の実力を持つ科学者（男女を問わない）の育成に力を注ぐことを期待してのものである。

＊

二一世紀の今でこそ、男女共同参画の名目のもと、いくつもの公的援助が女性科学者対象に実施されている。しかし、一九八〇年ごろには、女性科学者の存在など目もくれられなかった。女性科学者は、それぞれの研究分野で点の存在であり、他の分野の女性科学者たちと連帯する手立てもなかった。

そういう状況の中で、公的資金や財界からの資金が一切入らない、完全な私的ベースで、このような事業が始まったことは、女性科学者史上も特筆すべき出来事である。

一九九〇年三月には、猿橋は私財一五〇〇万円を投じて「公益信託・女性自然科学者研究支援基金」を設立した。税制上の優遇を受けることにより、「女性科学者に明るい未来をの会」の財政基盤を将来的に安定にするのが、公益信託設立の目的であった。公益信託を設立するには、文部省（当時）の認可を受ける必要があった。認可を得るために、猿橋は驚異的な熱心さで奔走した。

公益信託設立を祝って、猿橋の第六高女時代の同級生・井口国子から一五〇〇万円の寄付が寄せられた。この寄付金は、右記の公益信託に追加信託された。また、第六高女の他の同級生たちや気象研究所での後輩の女性たちが、事務局を手伝うなどして猿橋を支えた。

明るい未来

猿橋賞の授与によって女性科学者自身を励ますだけでなく、授賞を通じて女性科学者を世に知らしめ、女性科学者たちが活動しやすい環境を作ることも、猿橋賞設立の動機のなかにあった。

図15　猿橋勝子と猿橋賞受賞者たち(1995年)
『FOCUS』(新潮社)に取り上げられたときの写真
(撮影：平井慎自)

受賞者を「世に知らしめる」目的で、猿橋は毎年、受賞者のために記者会見を設定した。その結果、主要各紙の「ひと欄」に猿橋賞受賞者が取り上げられるという、非常に効果的な方法を軌道に乗せた。

本書執筆中の二〇〇九年初めまでに、二八名の女性科学者たちが「猿橋賞」を受けた。受賞者たちはいずれも、受賞によって人生が変わり、研究生活の後押しをしてもらい、研究者として飛躍することができた。そして今、受賞者たちはそれぞれの分野の学界で指導的な役割を果たしており、先端の研究を続けている。

「猿橋賞」は、おそらく猿橋自身やまわりの人たちが最初に考えていた「枠」をはるかに超えて、発展を遂げてきたのである。

そして、「猿橋賞」は国際的にも認められるようになった。一九九六年にアメリカで出版された『二十世紀・女性科学者たち』(著者 Lisa Yount)(21)に、ノーベル賞受賞者二名を含む九か国の女性科学者一〇名が取り上げられている。日本からは猿橋勝子のみで、そこでは「猿橋賞」のことも紹介されている。

エイボン女性大賞受賞

一九八一年、猿橋はエイボン女性大賞を受賞する。この賞の綱領には、「これからの時代を的確にとらえ、社会のために有意義な活動をし、現代を生きる女性に夢と希望を与え、功績をあげている女性を表彰するものです。」と書かれている。一九七九年に設立され、第一回は婦人運動家で政治家の市川房枝が、八〇年の第二回は財界から石原一子が受賞している。

第三回の猿橋への授賞理由は、「自らの研究を進めながら、女性の地位向上や世界平和のために国際的に活躍。一九八〇年に「猿橋賞」を設定し、後進の女性科学者の育成にも力を尽くす」と記されている。猿橋は(14)のなかで、「大きな栄誉をいただいた」と述べている。

猿橋はさらに続けて

「一九八五年には「三宅賞」を授与され大変な光栄を頂いた。「放射性および親生元素の海洋化学的研究」が受賞研究題目であった。

一九九二年には、日本海洋学会から名誉会員に推挙された。とくに女性研究者としては稀なことであり、思いもかけない栄誉を頂いた」

その翌年には、日本海水学会から「田中賞（功労賞）」が授与される。この賞の受賞については、前述のYount の著書でも触れられている。

図16　国際会議の場でスピーチする猿橋勝子

＊

猿橋の長年の研究に対して、賞という形で顕彰されるのは、客観的な評価が与えられ、社会的にも認められたことを意味しており、猿橋の感慨は一入《ひとしお》であった。

日本から世界へ

一九五八年に、ウィーンでの国際民婦連主催・第四回世界大会で講演をして以来、猿橋は外国のさまざまな会議に出て、被爆国日本の女性科学者として、発言を続けた（巻末付録の「猿橋勝子の年譜」参照）。

国際婦人科学者（技術者を含む）会議は、一九六四年にニューヨークでの開催に始まって、その後は三〜四年ごとに世界の各地で開かれるようになった。猿橋はこの会議にもたびたび出席し、討論に参加した。

日中女性科学者シンポジウム

日本と中国は、一九四九年の中華人民共和国成立以来、正式な国交のない状態だった。一九七二年九月二九日には、日本と中国は、それまでの不正常な状態を終了し、外交関係を樹立するという声明を発表した。これを一般に、「日中国交正常化」と呼ぶ。

このときから二〇年目の一九九二年に、国交正常化二〇周年を記念する行事が行なわれた。その行事の一環として、シンポジウム「女性と科学技術——女性科学者の社会的貢献」が行なわれることになった。それぞれの専門分野においても、職場においても、多様な立場にある女性科学者が両国から集まって一堂に会し、女性特有の問題から一般的な社会貢献までを話し合うのが目的で、世界的にも非常にユニークで、かつ先見性にとんだ企画であった。

主催は、日本側は社団法人・日中協会(会長は元 東京大学総長・向坊隆《むかいぼうたかし》)で、中国側は中国科学技術協会(主席・朱光亜)、両国から各三〇名の女性科学者が出席した。

日本側の団長は向坊隆で、副団長は猿橋勝子(元 日本学術会議会員)と中根千枝(東京大学名誉教授)であった。日本側からの参加者となった女性科学者三〇名のうち、五名が猿橋賞受賞者だったことが、猿橋の自慢であった。

猿橋はこの企画に計画段階から深くかかわり、特に「自然科学だけでなく、人文科学、社会科学等をふくむ広い分野の研究者を集めて、多角的な討論を進めよう」という点は、猿橋の提案であった。

シンポジウムでは、猿橋が基調講演を行なった。「女性科学者の社会的貢献」というタイトルで、女性研究者の抱える問題を解析し、社会・環境・地球の将来に対して女性科学者がどのように貢献すべきかを話した。

参加者全員の討論では、一衣帯水の隣国でありながら、意外と認識のギャップもあったが、女性共通の悩み・問題点で一致するところも多く、大きな共感を呼んだ。中国の女子学生の三分の二は理系であるのに対して、日本では圧倒的に文系が多い点が、大きな違いであることもわかった。また、こまやかさ、直感力、熱い情熱、器用さなどが、日中女性科学者の共通点であることも判明した。西洋中心や男性中心のものの考え方を排して、東洋の良さ、女性の特性を生かしていこう、などの話し合いもなされた。

最も大きな収穫は、他の国においても、女性科学者の抱える問題は基本的に変わらないことを確認しあえたことである。海の向こうにも仲間がいることを心の支えに、がんばろうと誓い合った。

二年後の一九九四年には、第二回の日中女性科学者シンポジウムが開かれ、その場でも猿橋は再び大活躍した。

＊

日本だけにとどまらず、世界に手をのばして、女性科学者問題を考えていくという姿勢は、猿橋の活動を通して一貫するものであった。

7　初心を貫いた人生

家族の絆、母と父と兄と

猿橋勝子の母・くのは気丈な人だった。猿橋が気象研究所に就職したばかりの一九四四年、霧の観測のために根室に出向く話が出たとき、くのは重い病に臥せっていた。通信手段は電報くらいしかなく、東京・根室間は汽車で一昼夜以上かかる。今でいうなら、ニューヨークに出張するより遠い感じである。母の病状を気にする猿橋に向かって、くのは「何かが起こるときには、あなたが傍に居ても居なくても起るのだから、心配しないで行きなさい」と言って、猿橋を送り出した。

猿橋の一番の理解者であった母は、それから九年後の一九五三年に他界する。猿橋、三三歳。猿橋が、世界最強の微量分析装置を開発し、研究に弾みが出ていた頃である。

「私を最もよく理解してくれた母が亡くなったことは、いままでの私の人生の中で、最も悲しいできごとであった」(12)と猿橋は書いている。猿橋が東京大学から学位を取るのはそれから四年後のこと。学位記を一番見せたかった母がいないことを、猿橋は心から残念に思った。

母の居ない家で、父・猿橋邦治と支え合って暮らしたが、その父も、猿橋が四〇歳の時に亡くなる。猿橋の渡米の前年だ。終戦直前に三宅研究室で諏訪に疎開した数ヵ月以外は、猿橋は両親の家を離れたことがなかった。

「父の死後、私は勤め先から、電燈のついていない暗い家に帰るのが悲しくて、当時、ようやく市販されはじめた「光電管」をとりつけ、夕方暗くなると、自動的に家の電燈がつくようにした」(12)

という猿橋の文には、胸をつくものがある。

大好きだった兄・猿橋英一も、猿橋がアメリカから帰国した二年後に、比較的若くして世を去る。兄の子供たちなど親族はいるものの、自分より年上の、甘えられる家族を全部亡くし、猿橋は四五歳で天涯孤独のような寂しい気持を味わった。

もう一つの戦争被害

猿橋は生涯未婚であったが、結婚をせずに科学に生涯を捧げる、と最初から計画していたわけではなかった。研究が楽しく面白くて、気がついたら時間が過ぎてしまっていた、というのが、実情である。

しかし、そういう個人的原因の他に、時代背景的原因もあった。太平洋戦争で、戦場に送られて戦死した日本兵の数は、実に二三〇万人にのぼる。ということは、その数だけの女性たちが、配偶者または配偶者候補を失ったことになる。夫を戦死で亡くした妻を「戦争未亡人」というなら、配偶者となるべき男性が層として欠落していたために結婚できなかった女性たちは「戦争未婚人」と呼ばれてもよいだろう。猿橋は、その年代に属している。

今、こういう女性たちが高齢になり、共同の墓を購入したりしている。「戦争未婚人」現象は、日本だけではなく、第二次世界大戦に加わった多くの国で、共通にみられるものである。

師を看取る

三宅泰雄は、気象研究所に奉職したあと、東京教育大学の教授を勤めていたが、一九七一年、定年を二年後に控えて、上顎がんが見つかり手術を受ける。

三宅、六三歳。

このとき三宅は結局、放射線治療などを含め、六ヵ月以上入院した。

手術で発声が不自由になり、年齢的にも肉体的にもフル回転できる状態ではない。しかし、研究やさまざまな社会的活動は継続して行ないたいと三宅は考えた。

三宅は、マンションの部屋を買って定年後の私設研究室にする構想を思いつく。マンションは建築が始まる前に売り出されているものを検討し始める。結局、三宅は年齢的にローンが組めないことが判明し、猿橋が自分の自宅を担保に銀行から借り出して、三宅の費用を一部用立てた。その対価として、三宅死亡時にはマンションの三宅の部屋を猿橋に負担付贈与することを、三宅は遺言として残している(22)。

＊

マンション購入の時点で、三宅は猿橋にもそのマンションに引っ越してくるように勧める。手術で体に不自由が生じ、気持も弱っているとき、これからは猿橋の好意に甘えようと決めた瞬間が、三宅にはあったはずだ。

猿橋のほうも、父母の居ない家で寂しさと向き合っていたのが、マンションに移ることで、再び家族ができるような思いがあった。猿橋、五一歳の時のことだ。

猿橋は、自分の貯金や労組からのローンを使って自分のための資金を作り、マンションの一部屋を契約する。三宅の研究室二一七号室と同じ二階の部屋を、猿橋は選んだ。

退院後、三宅は自宅から二一七号の研究室に毎日通った。これは三宅が最後に入院するまで、二〇年近く、休まず続いた。

その間、猿橋は五人分の働きをした、と猿橋の友人たちは言う。三宅の共同研究者、秘書、看護師、マネジャー、スポークス・ウーマン。五つの役目を猿橋は懸命に果たした。

三宅は「あなたが引っ越してきてくれたので、僕は五倍の仕事をできる」と何度も言った。

猿橋が学術会議の会員に立候補した時に三宅が選挙運動のはがきを熱心に書いたのも、猿橋が「女性科学者に明るい未来をの会」を設立したときに知恵を授けたのも、猿橋の自分への献身に対して多少なりとも報いたい気持があってのことだった。

＊

三宅はその後、七六歳で肝臓がんの手術も受け、このときは一年間入院した。その頃になると、「師と弟子」というよりは、「年老いた父親と手厚く介護する娘」という雰囲気になっていた。

猿橋は自伝草稿(14)に、女学校時代からの親友・久保佳子から後に送られてきた手紙を収録している。

「重なる病気で弱られて行く三宅先生の身体に気を使い、労わって見守ってきた人は、猿橋さん、貴女以外にはいませんでした。精神的にも絶えず思いを馳せ、最高の研究の協力者として、日を追う毎に保護者の役を負うようになりましたね。ご本人の先生自身どんなにか感謝されておられていたことか。これらの深い意味を込め感謝の形として、口数の少ない先生が、この部屋(二一七号室)を「負担付贈与の

図17　晩年の三宅泰雄と猿橋勝子

遺言」で貴女に残されたわけでした。そして仕事の継続を貴女に託されたのでした」。

三宅泰雄は一九九〇年、八二歳で他界。

猿橋は七〇歳になっていた。

＊

「人の役に立つ」「社会に貢献する」

三宅の他界は猿橋にとって、家族との再度の別れのように重く響いた。しかし猿橋は、三宅から託された仕事がいくつも残っていることを思い浮かべては自分を励まし、進み続けた。日中のシンポジウムを二度も大成功させたのは、三宅を見送った後のことである。

「女性科学者に明るい未来をの会」の活動についても、猿橋は終始一貫、献身的な役割を担った。専務理事として、裏方の事務を黙々とこなしていた。

猿橋賞の毎年の受賞者のために記者会見を設定したことは前に書いたが、その場でもあくまでもその年の受賞者を盛り上げ、自分が割り込んで主役顔をすることは、一度もなかった。「女性科学者に明るい未来をの会」では、一〇周年、一五周年、二〇周年などの節目ごとに企画を立て、本を出版した。それらの本についても、出版社との交渉、編集、校正などを猿橋は一手に引き受け、スムーズに事を運んだ。

特に、「女性科学者に明るい未来をの会」創立二〇周年記念として、二〇〇一年に英文で出版した『My Life: Twenty Japanese Women Scientists』(23)の編集・出版は大仕事だった。三〇〇頁を超える立派な上製本で、猿橋賞の一回目から二〇回目までの受賞者の仕事が、写真つきで、一人十数頁ずつ紹介されている。表紙には、二〇名の受賞者の表情豊かな顔写真が、二〇枚並んでいる。それに引きかえ、猿橋勝子の名は序文の中で、一度だけ地味に触れられているにすぎない。

受賞者たちは、自分の関連部分の原稿を猿橋に送りつけただけで、厄介な仕事をすべて猿橋に任せっきりにしたことを、後日申し訳なく思ったのだった。この本の編集という大事業を敢行したとき、猿橋は八一歳だった。自分の母親は、何歳になろうとも子供のころに接した若い母親のようにしか見えない。それと同じで、受賞者たちにとっては、六〇歳代の若い猿橋の姿が念頭から離れず、猿橋の実年齢をつい忘れていたのだ。

この本は、外国の図書館などに送られ、日本の女性科学者の紹介本として広く読まれるようになった。

図18 『My Life』の表紙

＊

先にも述べたように、地球化学者とし

図19　晩年の猿橋勝子
提供：朝日新聞社

ての猿橋の仕事は、世界的に高く評価されている。二〇世紀における「世界の女性科学者一〇人」にも選ばれた。

しかし猿橋は、サルハシの表を作ったり、スクリップス海洋研究所で分析合戦に勝ったりしたことを、自慢げに語ることは全くなく、後輩の女性科学者を励ますことにひたすら力を尽くした。猿橋が言及しないので、研究者としての猿橋の業績を、受賞者たちさえ十分には把握していない状態だった。

猿橋のそのような謙虚な姿勢は、事情を知る人たちから大きな賞賛を受けている。

＊

第四章で紹介したように、猿橋は小学校六年生の時の学芸会で、「一生懸命勉強して、社会に役立つ人になりたい」と抱負を述べた。この気持は、生涯変わらなかった。思えば、猿橋七二歳の時の、日中シンポジウムでの基調講演も、「女性科学者の社会的貢献」というタイトルだった。

初心を美しく見事に貫いた、抜群の人生であった。

エピローグ

人間・猿橋勝子を一つの言葉で表すなら、「直向《ひたむ》き」であろう。何に直向きだったのか。

生きることに。科学に。自分の哲学に。

猿橋に、年齢は関係なかった。何歳になっても、子供のように純粋で、世間知らずで、見ていてハラハラするくらいの無防備さだった。

人間関係でも、不器用を絵に描いたような面があった。しばしば、相手の状況を斟酌せずに直言した。それが正論である場合が多いので、時に煙たがられることもあったが、猿橋は意に介さなかった。

猿橋は生涯、自分の哲学を貫いた。人間としても科学者としても、見習うべき点はいくつもあるが、ここでは二つだけ紹介することにしよう。

実績を残せ

自分へのまわりからの処遇や研究環境が望ましいものでなくても、それで落ち込んだり、

猿橋勝子　1969年2月

それに対して抗議したり、という反応をするのではなく、研究成果を上げ、実績を積むことで、自分のことを皆に議論の余地なく認めさせる。

「女性を差別するのは、怪《け》しからん」「女も男も能力は同じはず」と自分のほうから声高に主張するのではなく、成果を見せることで、こちらが黙っていても相手が納得し、女性を差別する根拠が全くないことに気づかせる。

それが、猿橋自身の貫いてきた生き方であり、「猿橋賞」の受賞者たちや女性科学者たちに猿橋が求める生き方である。

「受賞者は、それぞれの研究場所で成果を上げなさい。それが受賞者の最大の使命」と猿橋は口癖のように言った。

哲学者であれ

一九四五年八月、広島と長崎に原爆が投下されたニュースを聞いたとき、科学が諸刃の剣であることを、猿橋は実感として知り、大きな衝撃を受けた。そして九年後の、第五福竜丸のビキニ水爆被災。

三度《みたび》の原水爆被害を受けた日本人は、核兵器廃絶の思想を骨の髄まで染み込ませなければならない、と猿橋は考え、それに沿って行動した。

「科学者は、同時に哲学者でなければならない」というのが、三宅の教えであった。猿橋もこの言葉を、後進の女性科学者たちに伝え続けた。

諸刃の剣の科学。その功と罪とを最も的確に把握しているのが科学者である。だから、科学者こそが、哲学者の視座で、功と罪とを語り続けなければならない。猿橋が何よりも大切にした、人間としての原点である。

執筆を終えて

伝記や評伝というものは、対象となる人の評価がそれで定まってしまうような面があり、書く側の責任は重大である。

特に、その人について最初に書かれる伝記は、この傾向が一層強い。たとえば、ニュートンやアインシュタインに関していえば、すでにいくつもの伝記・評伝が出版されているので、いま自分の手で「新しい解釈」の伝記をつけ加えたとしても、その影響はあまり大きくない。それに引きかえ、猿橋勝子氏に関しては、本書が「最初」の評伝になるので、執筆中ずっと緊張感があった。

＊

評伝といえば、私は『人物で語る物理入門(上・下)』(岩波新書)で、世界の二〇人ほどの物理学者たちについて書いた。こちらは一冊の本で一人を扱うのではなく、上下巻あわせて十数章のそれぞれで、基本的に一人、場合によって二人を取り上げる形だった。

その際の経験から、評伝の類《たぐい》は、対象の人物に心が寄り添えないと決して書けないことがわかった。どのような生き方をした人であれ、その人生を肯定できないと伝記は書けない。

心が寄り添って書き出すと、対象となる人がすぐそばにやってくる。執筆している部屋のなかで、その人の気配を感じ、息遣いまで聞こえたりする。時には、机の向こう側で頬杖をついていたり、椅子から乗り出して話しかけてきたり。

何日もその人のことを考え続けていると、相手は次第にこちらの体に憑依《ひょうい》してくる。本書執筆中も、私はことある毎《ごと》に「猿橋先生はこのように考えたのよ」という種類の発言をし、娘たちに呆《あき》れられた。道を歩いていても、猿橋先生と二人で歩いているような気がした。

このように入れ込めるのは、この上もなく楽しい。評伝執筆の醍醐味かもしれない。

＊

本書の執筆は、実は、以下に述べるような事情で、「非常事態」のもとで進める次第となった。

本書執筆の企画は、猿橋先生の他界から二ヵ月後の、二〇〇七年の暮れに立ち上げた。「執筆までの経緯」で言及した編集委員の五人で分担して、聞き取り調査や資料の収集を行ない、二〇〇八年の夏ごろまでに、それらの作業を一応終了した。

岩波科学ライブラリーの一冊として刊行されることが決まったのは、二〇〇八年九月。猿橋先生の一周忌にちょうど間に合うタイミングだった。

私はその間《かん》も、大阪に住む九一歳の母の在宅介護のために、毎週、新幹線で東京―大阪を往復していた。

私の母は、猿橋先生より二歳年上である。数学が抜群に得意で、高等女学校では在学中の五年間、学年トップの成績を続けた。高女の先生たちは、母の才能を伸ばすため、奈良の女子高等師範学校(女高師、現 奈良女子大学の前身)に進学させるようにと、母の両親に勧めてくれた。大学の門戸が女性に開放されていなかった当時、高女より先に進める唯一の場所が、女高師だった。

しかし、「女に学問は不要」という、親戚の長老の一言で、母は泣く泣く進学を諦めた。母が一七歳で高女を卒業したのは、一九三五年。猿橋先生が二一歳で、創設されたばかりの女子理専に入学した一九四一年より、さらに六年も前のことである。

一九三五年当時は、高女卒業後に高等教育に進むことができた女性の割合は、全体の〇・五〜〇・六%だった。私の母のように進学を希望しながら、夢を叶えられなかった女性の数は、全国で毎年、万のオーダーに及んだと推定されている。

第四章に書いたように、猿橋先生ご自身も、高女卒業後に上級の学校に進みたいという希望を両親に言い出せなかった。事情がととのって理専に入学できるまで、実に四年という時間を要している。猿橋先生が、一七歳から二一歳までの四年である。この間の空白について、猿橋先生の口から語られることはなかったので、知らない人が多かった。今回の執筆のために資料を読み込むなかで、発掘できた事実である。

＊

さて、本書執筆中の私は、母の介護で精神的・肉体的・経済的に極限状態にあったのだが、本書の企画と並行して、自分自身についての自伝執筆も進めていた。岩波ジュニア新書から、二〇〇九年三月に刊行予定で、一二月中に脱稿というスケジュールが立てられていた。

さらに、読売新聞の連載企画「時代の証言者」で私のこれまでの半生が取り上げられることになった。読売新聞科学部記者・滝田恭子さんが執筆してくださるのだが、その原稿のチェックや打ち合わせがずっと続いていた。

要介護度4の母を在宅介護しながら、三つの「企画」を同時進行でかかえて、まるで離業のような状況だった。

そういうなかで、なんと「第四の企画」が持ち上がった。

一一月の定期健診で、私の首に甲状腺がんが見つかったのだ。すでに三cm以上の大きさになっていて、手術は一二月二四日と決まった。

＊

「ほんまかいな」と思いながら、ともかく毎日フル回転するしかない。本書の執筆は、一二月五日ごろに始め、プロローグと第一〜三章を一週間で仕上げた。それまでに資料を調べ尽くしていたので、実際の執筆は順調に運んだ。入院までにできるだけ書き進めておきたいと考え、第四章は三日で終えた。我ながらすごいスピードだ。

一二月一八日に入院。サムソナイトの赤い大きなスーツケースに本書執筆のための資料をぎっしり詰め、別のスーツケースにパソコンとプリンタとA4の紙を一パック入れて、個室に入った。

私の首のMRI画像から、医師団はがんが気管に浸潤している可能性が高いと判断した。手術時間は、七時間が予定された。気管切開になると、声を失う。また、気管口が首のところに開いているための不自由さが、日常生活に伴う。

そういう状況になっても、それはそれで受け入れられるように、さまざまな準備を、入院までにととのえた。人間、生きてさえいれば、何だってできると思った。不安はなかった。

入院中も、執筆を続けた。二四日は午前八時に手術室に入ることになっていたので、朝五時に起きて執筆に取りかかり、第五章途中までを仕上げて、六時半に相馬芳枝氏（五人の編集委員の一人）にメールで送信した。

＊

手術が終わり、手術台の上で麻酔から醒めたとき、最初に聞こえたのは、「米沢さん。声は出せるよ」という、執刀医の言葉だった。気管切開は回避できたのだ。その夜は一晩、集中治療室にいたが、声を失わなかった喜びで、痛みも感じない。「声が出せる」「少なくともまだしばらくは仕事ができる」と思うと、うれしくて、うれしくて、集中治療室に居て、体中にエネルギーが漲《みなぎ》ってくるのを感じた。

集中治療室での一夜が明けて、私は自分の足で歩いて病室に戻り、配られてきた朝食をぺろりと平らげた。朝食後は、サムソナイトのスーツケースから資料を取り出して読んだ。私はきっと、「手術の翌日から仕事をした」と自慢するのだろうな。

執刀医が回診に来て、椅子に座って仕事をしている私の姿を目にし、腰を抜かさんばかりに驚いた。確かに物の本には、甲状腺全摘の手術は、高齢者(!)の場合には特に、予後に時間がかかる、と書かれている。執刀医は、私が化け物だということを知らないのだ。

気管切開という「最悪」に備えていたので、切開回避という「最善」の結果との落差が大きく、精神的に解放されたのかもしれない。猿橋先生がガーディアン・エンジェル(守護天使)として、守っていてくださったような気がした。まあ、科学者が言うことではないが。

＊

退院までに第五章の残りを病室で仕上げ、一二月三〇日に退院した。

それからは、暮れも正月もなく、昼も夜もなく、一日四時間の睡眠時間で、ひたすら執筆に励み、第六章、第七章、エピローグを、一月五日までに書き終えた。執筆開始から、ちょうど一ヵ月。遅筆の私にとっては、奇跡的な速度だった。相馬氏が「命をふりしぼった力作」と評してくださった。

＊

常識的に見ればとんでもない状況のなかで、自分が病人だという自覚も実感もなく、反って楽しみながら全力を傾けて執筆に励んだ。その原動力は何だったのか、と考えてみた。

私なりに思案して、それは猿橋先生への「思い」かもしれない、と結論した。猿橋先生のご生前から、直向きに生きていられる姿が愛《いと》おしくてならなかった。一生懸命で、向こう意気が強くて、それでいて、時折ふと見せる頼りなげな表情。そんな先生を、抱きしめてあげたい、と思ったことが何度もある。私の母の世代にあたる大先生に対して、失礼この上ない想念だが、今回執筆しながら猿橋先生とのいくつかの場面を思い出し、やっぱりハグしておけばよかった、と後悔のような気持が浮かんだ。

＊

本書執筆という大任を果した私の現実は、母の介護についての状況がますます厳しくなっている。それでも、時間を有効に使って、いっぱい仕事をしようと思う。集中治療室で感じていたのと同じエネルギーとファイトが、毎日のように私の体に満ちてくる。

執筆が終わった後も、本書を書き上げたご褒美に、猿橋先生はガーディアン・エンジェルとしてずっと私を守ってくださるに違いない、と勝手に考えることにした。

二〇〇九年二月　立春の朝

米沢富美子

1974. 11	気象研究所 地球化学研究部 第2研究室長
1975. 7	第5回国際放射線会議(シアトル)出席
1976. 9	国際海洋学会(エディンバラ)出席
1978. 4	第3回天然放射能環境会議(ヒューストン)出席
1978. 11	経済開発協力機構原子力機関(OECD・NEA)の放射性廃棄物に関する会議(パリ)出席
1978–79	第6回国際放射線会議(日本学術会議主催)組織委員会委員
1979. 4	気象研究所 地球化学研究部長 運輸省原子力連絡会議委員
1979. 6	海洋開発審議会専門委員(総理府)
1979. 12	地球物理学連合会(IUGG)総会(キャンベラ)出席
1980. 4	気象研究所退官
1980. 10	「女性科学者に明るい未来をの会」創立
1981. 1	日本学術会議第12期会員(第4部)
1981. 9	第6回婦人科学者会議(ボンベイ)出席
1990. 3	公益信託「女性自然科学者研究支援基金」が文部省から認可される
1992. 9	第1回日中女性科学者シンポジウム(北京)開催
1994. 8	第2回日中女性科学者シンポジウム(大連)開催
2007. 9.29	東京にて没

受　賞

1981	第3回エイボン女性大賞　エイボン女性文化センター 受賞理由「自らの研究を進めながら，女性の地位向上や世界平和のために国際的に活躍」
1985	第13回三宅賞(学術賞)　地球化学研究協会 受賞理由「放射性および親生元素の海洋化学的研究」
1993	田中賞(功労賞)　日本海水学会 受賞理由「長年の海水化学の進歩への貢献」

猿橋勝子の年譜

1920. 3.22	東京に生まれる
1937. 3	東京府立第六高等女学校卒業
1937. 4	生命保険会社入社
1941. 4	帝国女子理学専門学校(現 東邦大学理学部)物理学科入学
1943. 9	同校卒業
1943. 9	中央気象台 嘱託
1947. 4	気象研究所 気象化学研究室 研究官
1957. 4	理学博士(東京大学)第6818号 論文「天然水中の炭酸物質の挙動」
1958. 5	第4回世界婦人集会(ウィーン)に日本代表として出席 (オーストリア，フランス，ドイツ訪問)
1962. 5-63. 1	米国・カリフォルニア大学スクリップス海洋研究所に招聘される(海洋放射能に関する日米共同研究)
1964. 6	第1回国際婦人科学者会議(ニューヨーク)に出席
1965. 1	気象研究所 地球化学研究部 主任研究官
1965-67	第11回太平洋学術会議組織委員会委員(日本学術会議)
1966. 5	第2回海洋学会議(モスクワ)出席
1967. 6-7	第2回国際婦人科学者会議(ケンブリッジ)出席 原子力施設視察(イギリス，オランダ，フランス，スイス，イタリア，ギリシア)
1967-73	東海大学海洋学部非常勤講師
1967-91	東邦大学理事，客員教授
1970-72	水地球化学・生物地球化学国際会議組織委員会委員(日本学術会議)
1970-72	日本学術会議海洋学特別委員会委員
1973. 5	国際原子力機関(IAEA)主催・放射能生態学に関する会議(エクサンプロバンス)に出席

(15) 猿橋勝子「天然水中の物質代謝の研究(第1報)――海水中の全炭酸について」『日本化学雑誌』第74-6号(1953)，p.415-416.
(16) 三宅泰雄「水中の炭酸物質測定方法について」『水道協会雑誌』第224号(1953)，p.22-24.
(17) 猿橋勝子「天然水中の物質代謝の研究(第2報)――水中の炭酸物質の平衡濃度比について」『日本化学雑誌』第76-11号(1955)，p.1294-1308.
(18) 猿橋勝子・杉村行勇 「二酸化炭素の大気・海洋間の交換」『化学』第28-9号(1973)，p.14-20.
(19) 湯浅明・猿橋勝子ほか『女性科学者に明るい未来を』ドメス出版，1990.
(20) 平塚らいてう「清らかな強さ 猿橋勝子」『朝日ジャーナル』，1961年9月24日号.
(21) Lisa Yount『Twentieth-Century ; Women Scientists』(Facts On File Inc. 1996).
(22) 三宅泰雄名義の217号室は，10坪弱のこじんまりした部屋で，事務所用に内装された．三宅が研究室として使用し，猿橋勝子や他の研究者たちとのディスカッションの場になっていた．同時に，三宅が主宰する「地球化学研究協会」および「第五福竜丸平和協会」の事務所としても使っていた．さらに，猿橋の主宰する「女性科学者に明るい未来をの会」の事務所として，猿橋に使用させていた．

三宅の残した遺言状には，この部屋を負担付で猿橋勝子に譲渡することが記されていた．譲渡価格は市価より低く設定され，また研究室購入に当って猿橋が用立てた額を差し引いたものが譲渡分額とされている．遺言状には「負担」義務として，猿橋勝子は「この譲渡分全部を上記の三団体に寄付すること」が要求されていた．

三宅の没後，猿橋勝子と三宅の遺族との協議の結果，217号室は相続の形でいったん三宅の遺族の名義にし，これを猿橋勝子が遺族から買い取ること，遺族はその代金を三団体に寄付することが決められた．遺族から「女性科学者に明るい未来をの会」に寄付された分については，「公益信託・女性自然科学者研究支援基金」に追加信託された．

(23) 猿橋勝子ほか編著『My Life』内田老鶴圃，2001.

参考文献および注

(1)高瀬毅「現代の肖像 見崎吉男・元第五福竜丸漁労長」,『AERA』2004年3月8日号.

(2)川崎昭一郎『第五福竜丸――ビキニ事件を現代に問う』(岩波ブックレット No.628), 2004.

(3)第五福竜丸のビキニ水爆被災に関する内容は, 次の文献に依った.
大石又七『これだけは伝えておきたい ビキニ事件の表と裏――第五福竜丸・乗組員が語る』かもがわ出版, 2007.

(4)米沢富美子『人物で語る物理入門(上・下)』(岩波新書), 2005, 2006.

(5)R. L. サイム(著), 米沢富美子(監修), 鈴木淑美(訳)『リーゼ・マイトナー』シュプリンガー・フェアラーク東京, 2004.

(6)猿橋勝子「第五福竜丸と私の出合い」『福竜丸だより』第65号, 1983.

(7)財団法人・第五福竜丸平和協会編『写真でたどる 第五福竜丸』, 2004.

(8) T. R. Folsom, G. J. Mohanrao and R. Winchell, "Fall-out cesium in surface sea water off the California coast (1959-60) by gamma-ray measurements", Nature **187** (1960), p.480-482.

(9) Y. Miyake, K. Saruhashi, Y. Katuragi and T. Kanazawa, "Cesium 137 and Strontium 90 in Sea Water" 気象研究所報告, Vol.XII No.1 (1961), p.85.

(10)猿橋勝子『女性として科学者として』新日本出版社, 1981.

(11) T. R. Folsom and K. Saruhashi, "A Comparison of Analytical Techniques Used for Determination of Fallout Cesium in Sea Water for Oceanographic Purpose", J. Radiat. Res. **4** (1963), p.39-53.

(12)猿橋勝子『学ぶこと 生きること――女性として考える』福武書店, 1983.

(13)猿橋勝子「第五福竜丸船上の放射性降下物」『福竜丸だより』第131号, 1989.

(14)猿橋勝子『自伝草稿』(2005), 未発表.

■岩波オンデマンドブックス■

岩波科学ライブラリー 157
猿橋勝子という生き方

2009 年 4 月 7 日　第 1 刷発行
2012 年 7 月 17 日　第 4 刷発行
2018 年 9 月 11 日　オンデマンド版発行

著　者　米沢《よねざわ》富《ふ》美《み》子《こ》

発行者　岡 本　厚

発行所　株式会社 岩波書店
〒 101-8002 東京都千代田区一ツ橋 2-5-5
電話案内 03-5210-4000
http://www.iwanami.co.jp/

印刷／製本・法令印刷

ISBN 978-4-00-730807-9　　Printed in Japan